高等学校工程类专业系列教材

测量学实验与实习

姜 晴 李 建 陈向阳 主 编
郑小燕 魏 琳 副主编

国防工业出版社

·北京·

内 容 简 介

本书系统介绍测量的基础知识、计算公式,现代测量仪器设备的结构、原理,仪器使用方法与注意事项、技术规范要求,以及测绘软件的操作方法。本书共分三部分:测量学实验与实习基本要求、测量实验及测量实习。在测量实验中列出了 30 个课间实验项目,既包括传统测绘技术,又包括测绘新设备、新方法的运用。学生使用时,可根据学校的实验学时数、仪器设备条件及专业特点选做实验项目,有些实验项目也可在测量实习时实施。在测量实习部分列出了集中实习时应进行的有关测量工作项目,包括测图、放样、线路测量等。为方便使用,在每个实验及实习内容后列出了相关的记录与计算表格,供直接填写。本书可以独立使用,也可以配合教材一起使用。

本书可作为高等学校道路桥梁与渡河工程、交通工程、交通运输等专业的教材,也可供从事工程测量测绘、测设及交通管理工作的工程技术人员和管理人员参考。

图书在版编目(CIP)数据

测量学实验与实习/姜晴,李建,陈向阳主编.
—北京:国防工业出版社,2024.8.—ISBN 978-7-118
-13409-4

Ⅰ.P2-33

中国国家版本馆 CIP 数据核字第 2024U7D910 号

※

国防工业出版社出版发行
(北京市海淀区紫竹院南路 23 号　邮政编码 100048)
三河市天利华印刷装订有限公司印刷
新华书店经售

*

开本 787×1092　1/16　印张 10　字数 226 千字
2024 年 8 月第 1 版第 1 次印刷　印数 1—3000 册　定价 35.00 元

(本书如有印装错误,我社负责调换)

国防书店:(010)88540777　　书店传真:(010)88540776
发行业务:(010)88540717　　发行传真:(010)88540762

前　言

随着科学技术的飞速发展，人类社会不断朝着数字化、信息化迈进，作为研究地理信息获取、处理、描述和应用的测绘科学，在工程建设领域中的作用变得更加重要。"测量学"是一门实践性很强的专业基础课程，在进行课堂教学时，为了使学生加深和巩固所学知识，需进行必要的课间测量实验。课程结束后，为使学生进一步系统全面地掌握测量理论，运用所学知识解决工程中的有关测绘、测设问题，为今后从事这方面工作打下扎实基础，还应集中两周左右进行测量学实习。因此，"测量学实验与实习"是工程测量及其相关专业学生必须学习的一门课程。

为适应现代社会对测量学人才知识结构的需求，结合目前教学改革的具体情况，我们组织了本书的编写工作。在编写过程中，参阅了大量国内公开发表的测量学文献和测量仪器设备使用说明书等资料，并结合多年课程教学经验总结，力求做到教材结构合理、层次清晰，着力反映本学科最新研究成果；同时，突出新设备、新技术和新标准的应用，注重理论联系实际，侧重测量过程和测量数据整理、分析、绘图，强调学生分析问题和解决问题能力的培养，以充分体现教材的科学性、先进性和实用性。

由于测绘新技术、新仪器的使用，使测量的作业方式、方法发生了很大变化。为了更好地实施课间测量实验及集中测量实习这两个重要的教学环节，根据有关教学大纲及学科发展，我们编写了本书，旨在加强学生动手操作能力及分析问题、解决问题的能力。本书以测绘和测设为主线，系统地介绍测量的基础知识，现代测量仪器设备的结构、原理，仪器使用方法与注意事项规范，以及测绘软件的操作方法。

由于测量学实验课程与测量实习课程不是同时开设的，学生在学完测量理论课及课间实验课后，应妥善保存本书，以便在测量实习时继续使用，因此本书既可配合有关教材使用，也可单独使用。

本书由有关高校的测量学教师在多次研讨的基础上编写而成，得到了测绘学会教育工作委员会的帮助。本书主要由淮阴工学院姜晴、李建和南通职业大学陈向阳主编，合肥工业大学郑小燕、河南交通职业技术学院魏琳副主编。姜晴、魏琳和郑小燕编写了实验一到实验十六；李健、陈向阳和郑小燕编写了实验十七到实验三十；姜晴、魏琳编写了实习部分。参加编写的人员还有江苏交科交通设计研究院有限公司石卫华、江苏省建筑设计研究院股份有限公司张蔚伟。

本书在编写过程中得到了许多专家和测量一线技术人员的大力支持，并提出了许多宝贵的建议,使得编写工作顺利完成,在此表示衷心的感谢。

由于时间仓促和编者水平所限,本书难免存在不足,恳请读者批评指正,以便今后进一步完善。

编者
2023 年 6 月

目 录

第一部分 测量学实验与实习基本要求 1

第二部分 测量实验 5

 实验一 DS$_3$型微倾式水准仪的认识与使用 6
 实验二 电子水准仪的认识 13
 实验三 普通水准测量 17
 实验四 四等水准测量 22
 实验五 水准仪的检验与校正 27
 实验六 电子水准仪的使用 32
 实验七 经纬仪的认识与使用 36
 实验八 测回法观测水平角 43
 实验九 全圆方向法观测水平角 47
 实验十 竖直角观测 51
 实验十一 经纬仪的检验与校正 55
 实验十二 DJ$_2$型光学经纬仪的认识和使用 60
 实验十三 电子经纬仪的认识与使用 65
 实验十四 钢尺量距和罗盘仪的使用 68
 实验十五 视距测量 73
 实验十六 全站仪的认识与使用Ⅰ 77
 实验十七 全站仪的认识与使用Ⅱ 89
 实验十八 全站仪坐标法点位测设 93
 实验十九 三角高程测量 98
 实验二十 绘制坐标格网和展绘控制点 102
 实验二十一 经纬仪测绘地形图 105
 实验二十二 数字化测图数据采集 108
 实验二十三 数字地图绘制 111
 实验二十四 建筑物轴线测设 114
 实验二十五 高程测设与坡度线测设 119
 实验二十六 圆曲线测设 122
 实验二十七 断面测量 128
 实验二十八 GPS接收机的认识与使用 133
 实验二十九 GPS-RTK碎部测量与放样 137

实验三十　闭合图根导线测量……………………………………… 142
第三部分　测量实习 ……………………………………………………… 148
参考文献 …………………………………………………………………… 152

第一部分　测量学实验与实习基本要求

"测量学"是一门实践性很强的技术基础课,"测量学实验与实习"是教学中不可缺少的实践环节,通过实验与实习亲自操作测量仪器并进行观测,观测成果的记录、计算及数据处理、绘图和撰写报告等,提高分析问题和解决问题的能力。

该实验与实习课的目的是加深和巩固学生所学的测量学理论知识。通过实验与实习,进一步认识测量仪器的构造和功能,掌握测量仪器的使用方法、操作步骤和检验校正的方法,加深理解和掌握测量学的基本知识、基本理论方法和基本技能。因此,必须对测量学实验与实习环节充分的重视。

各实验实习小组应在指导教师指定的场地上进行实验与实习,听从指导教师的事先安排。

一、测量实验与实习一般规定

1. 实验与实习课前

（1）必须认真学习或阅读《测量学》的有关章节内容和《测量学实验与实习》与课堂笔记,清楚指导老师实验与实习任务安排。

（2）实验与实习前,学生应根据实验项目和要求、参考教材与课堂笔记,认真地做好预习,将实验的步骤、操作方法、记录、计算及注意事项等了解清楚,以使实验顺利进行。

（3）完成实验与实习测试题回答。

（4）实验与实习时要携带《测量学》和《测量学实验与实习》指导书及所需的文具用品等。

2. 上实验与实习课中

测量实验与实习是以小组为单位进行的,要求在规定的时间和指定的场地内进行,不得无故缺席、迟到或早退。更不能旷课,如需请假,提前办理请假手续,并与指导老师提前沟通,协商解决。

（1）学生应遵守纪律与操作规程,遵从教师指导。先认真听取教师对该次实验与实习的方法与具体要求的讲解及布置,做好指导现场拍照记录,再以实验小组为单位到实验室填写仪器领用清单。

（2）要严格遵守实验室有关仪器借用的规定。领用时应检验仪器、工具是否完好。初次接触仪器,未经教师讲解,不得擅自架设仪器进行操作,以免损坏仪器。

（3）仪器从箱中取出时,一定要注意仪器在箱中的位置,以免装箱时有困难。可以拍照记录,建议拍清楚仪器的编号,以免仪器组与组之间使用混乱。

（4）仪器安置在三脚架上后,无论是否操作,都必须有人看护,避免被行人或车辆碰撞。

（5）在实验与实习中,学生要像爱护自己的眼睛一样爱护仪器和工具。实验结束时,将所领的仪器和工具如数归还实验室,若有遗失或损坏,应按规定赔偿。

(6) 实验与实习时要爱护校园内各种设施和花草树木。

(7) 实验与实习小组组长要负责全组同学的实验分工,使每个同学能轮流做到各项实验内容。同学之间要团结互助、相互学习。

(8) 观测人和记录人要密切配合,记录人在听取观测人读数后要向观测人回报数据,以免记错。当实验数据记录有误时,应该划改,不得涂改、擦拭或转抄,绝不能伪造数据。

(9) 每一测站完成观测后要立即进行计算和检核,确认无误后才能搬站。当下一站相距较远时,仪器要装箱后再搬迁。

3. 实验与实习课后

(1) 实验与实习报告必须在现场完成拍照、观测、记录、计算校核、绘制草图等,并随仪器一起交回实验室,指导教师认可后方可离开。

(2) 按指导教师要求,实事求是地撰写实验与实习完整报告,把现场的拍照、现场记录的原始数据和实验与实习课后的测量成果计算表(误差配赋表)、测绘详图等一起写入报告。

二、测量仪器使用规则

测量仪器是贵重精密仪器,也是测绘工作者的重要工具,实验与实习时必须精心使用,小心爱护。

1. 领用仪器

(1) 严格按实验室规定手续领用仪器。

(2) 领用时应当场清点器具件数,检查仪器及仪器箱是否完好,锁扣、拎手、背带等是否牢固。

2. 安装仪器

(1) 先架设好三脚架,再开箱取仪器。

(2) 打开仪器箱,先看清仪器在箱内的安放位置,以便用毕后能按原位放回。

(3) 用双手握住仪器基座或望远镜的支架,然后取出箱外,立即安放在三脚架上,随即旋紧固定仪器与三脚架的中心连接螺旋。严禁未拧紧中心连接螺旋就使用仪器。

(4) 取出仪器后及时关好仪器箱,以免灰尘侵入。严禁用仪器箱当凳子坐人。

3. 使用仪器

(1) 转动仪器各部件时要有轻重感,不能在没有放松制动螺旋的情况下强行转动仪器,不允许握着望远镜转动仪器,而应握着望远镜支架转动仪器。

(2) 旋动仪器各个螺旋时不宜用力过大,旋得过紧会损伤轴身或使螺旋滑牙,应做到手轻力小,旋得松紧适当。

(3) 物镜、目镜等光学仪器的玻璃部分不能用手或纸张等物随便擦拭,以免损坏镜头上的药膜。

(4) 操作时,手、脚不要压住三脚架和仪器的非操作部分,以免影响观测精度。

(5) 严禁松动仪器与基座的连接螺旋。严禁无人看管仪器,以免出意外。

(6) 水准尺、花杆等木制品不可受横向压力,以免弯曲变形,不得坐压或用其抬仪器,更不能当标枪和棍棒玩耍。

(7) 使用钢尺时,尺子不得扭曲,不得踩踏和让车辆碾压;移动钢尺时,不得着地拖拉。

(8) 仪器附件和工具(特别是垂球)不要乱丢,用毕后应放在箱内原位或背包里,以防遗失。

(9) 在烈日和雨天使用仪器,应撑测伞使仪器免受日晒和雨淋。

(10) 使用中若发现仪器有什么问题,要及时报告指导教师。

4. 仪器搬站

(1) 仪器长距离搬站,须将仪器收入仪器箱内,并盖好上锁,专人负责小心背运,尽量避免震动。

(2) 仪器短距离搬站,可将仪器连同三脚架一起搬动,但要十分精心稳妥,即用右手托住仪器,左手抱住脚架,并夹在左腋下贴胸稳步行走。

(3) 搬移仪器时须带走仪器箱及其他有关工具。

5. 收放仪器

(1) 先打开仪器箱,再松开仪器与三脚架的连接螺旋,取下仪器并放松制动螺旋,最后按原来的位置放入箱内,关好上锁。

(2) 检查各附件与工具是否齐全,并按原位置收放好。

6. 归还仪器

(1) 当实验完毕时,应及时归还,不得随意将仪器拿回寝室私自保管。

(2) 归还时应当面点清,验毕方可离去。

三、测量工作的基本原则

测量工作中将地球表面的形态分为地物和地貌两类。地面上的河流、道路、房屋等称为地物;地面高低起伏的山峰、沟、谷等称为地貌。地物和地貌总称为地形。测量学的主要任务是测绘地形图和施工放样。无论采用何种方法,使用何种仪器进行测定或放样,都会给其结果带来误差。为了防止测量误差的逐渐传递,累积增大到不能容许的程度,要求测量工作遵循在布局上"由整体到局部"、在精度上"由高级到低级"、在次序上"先控制后碎部"的原则、在测量操作过程中应遵循"随时检查,杜绝错误"的原则。

1. 测量工作组织原则

(1) 布局:由整体到局部。

(2) 精度:由高级到低级。

(3) 次序:先控制,后碎部。

2. 测量工作的操作原则

(1) 步步检核:第一步检核不符合要求,绝不做第二步。

(2) 测量数据:检核不符合要求的,绝不搬站,立即检查,重新测量。

四、实验与实习数据记录

实验与实习开始前要认真填写记录表头:日期、天气、仪器型号、编号、班级、学号和观测者等。数据记录是实验实习成果的重要凭据(在实际工程勘测中是一项重要原始资料),务必遵守下列5点:

(1) 记录必须用3H(或2H)硬铅笔正楷书写,观测数据应立即直接记入指定的表格内,记录者应将记入的数据当即向观测者复诵一遍，以免读错、听错和记错。

（2）记录字体一律用正楷书写，不得潦草。当实验数据记录有误时，不得涂改、擦拭或转抄，绝不能伪造数据，应该用细斜线整齐划去后在原数字上方写出正确数字，但尾数不得更改（如长度的毫米数和角度的秒值），必须重新观测和记录。

（3）记录数据应准确完整表示观测精度，能读出毫米的，应记到毫米位数，能读出秒值的应记到秒位数。记录数据要完整，不可省略尾数（如水准尺读数1.120，度盘读数123°06′00″）。

（4）表格上各项内容应填写齐全，并由观测者、记录者负责签名。实验报告是实验课成绩考核的依据，应妥善保存。

（5）保持测量记录表的整洁，不得利用记录表边上的空白处当作计算草稿。

第二部分 测 量 实 验

"测量实验"是在课堂教学期间某一章节讲授之后安排的实践性教学环节。通过测量实验,加深对测量基本知识的理解,巩固课堂所学的基本理论;同时,初步掌握测量工作的操作技能,为学习本课程的后续内容打好基础,能更好地掌握测量课程的基本内容。

本部分共列出了30个测量实验项目,其顺序基本上按照课程教学内容的先后安排。有些是基本实验项目,各专业的学生都应掌握其要领;还有些实验项目是结合各专业设计的,这部分实验项目可根据教学大纲、课程学时数及专业情况灵活选择。如受授课时数限制,则有些实验可在集中测量实习时进行。有些实验项目为介绍测量新仪器、新技术的,各学校可根据各自的仪器拥有情况选择,通常为指导教师指导后再认识操作。每次实验前,学生应先预习,由指导教师讲授理论课后布置,在实验前明确实验内容和要求,熟悉实验方法;课后应及时复习。这样才能较好地完成实验任务,熟练掌握实验操作技能。

每项实验均附有实验记录的实验表格,应在观测时当场记录数据,必要时应在现场进行有关计算。每次实验完成后,应将实验数据与实验仪器统一上交到实验室供指导老师核查。

实验一 DS₃型微倾式水准仪的认识与使用

一、实验目的

(1) 了解 DS₃ 型微倾式水准仪的基本构造及性能,认识其主要部件的名称和作用。
(2) 练习 DS₃ 型微倾式水准仪的安置、粗平、瞄准、精平、读数。

二、实验计划

(1) 实验学时数:2 学时。
(2) 每组在实验场地任选两点,放上尺垫,每人改变仪器高度后分别测出这两点尺垫间的高差。

三、实验仪器

DS₃ 型微倾式水准仪 1 台、水准尺 2 把、尺垫 2 个。

四、水准仪的认识

水准仪通常用符号"DS"表示,D 和 S 分别为"大地测量"和"水准仪"的汉语拼音第一个字母。其种类有微倾式水准仪、自动安平水准仪、激光水准仪和电子水准仪等。由于微倾式水准仪在工程测量中最为常用,因此本实验主要介绍微倾式水准仪。图 2-1-1 所示为 DS₃ 型微倾式水准仪的构造。

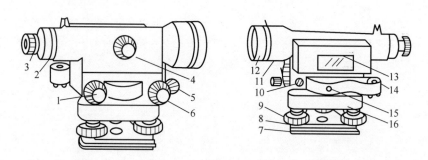

1—微倾螺旋;2—分划板护罩;3—目镜;4—物镜对光螺旋;5—制动螺旋;6—微动螺旋;
7—底板;8—三角压板;9—脚螺旋;10—弹簧帽;11—望远镜;12—物镜;13—管水准器;
14—圆水准器;15—连接螺丝;16—基座。

图 2-1-1 DS₃ 型微倾式水准仪的构造

1. 水准仪的主要构造(DS₃ 型微倾式水准仪)

"3"表示这种水准仪进行水准测量时,每千米往返测高差中数的偶然误差为±3mm。数字越小表明这种水准仪精度越高,数字越大表明精度越低。这种微倾式水准仪主要由望远镜、水准器和旋转平台及基座三部分构成。

下面具体介绍这三部分:

1) 望远镜

水准仪的望远镜由物镜、目镜、调焦透镜和十字丝分划板等组成。物镜和目镜一般采用复合透镜组,十字丝分划板是由一块平板玻璃做成的,刻有两条互相垂直的长线,长竖线称为竖丝,长横线称为横丝(中丝)。在横丝上、下刻有对称且互相平行的两根较短的横线,这两根横线用于测量仪器与水准尺之间的距离,称为视距丝,又称为上丝和下丝(图2-1-2)。十字丝交点与物镜光心的连线称为望远镜的视准轴,是用来瞄准和读数的视线。DS_3级微倾式水准仪的望远镜一般放大28倍以上(图2-1-3)。

图 2-1-2　十字丝分划板

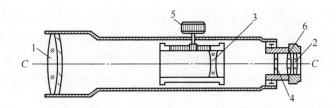

1—物镜;2—目镜;3—调焦透镜;4—十字丝分划板;5—物镜调焦旋钮;6—目镜调焦旋钮。

图 2-1-3　DS_3型微倾式水准仪的望远镜结构

2) 水准器

水准器是仪器整平操作的指示装置,有管水准器和圆水准器两种,它们安装在水准仪上,并与仪器的某些轴线保持固定的平行或垂直关系,管水准仪指示仪器视准轴是否水平,圆水准仪指示仪器竖轴是否竖直。

圆水准器中有圆分划圈,圆圈的中心为水准器的零点,如图2-1-4所示。通过零点的球面法线为圆水准器轴线,当圆水准器气泡居中时,该轴线处于竖直位置。由于它的精度较低,只用于仪器的粗略整平,使水准仪的竖轴大致处于铅垂位置,便于用微倾螺旋使水管气泡精确居中。

3) 旋转平台及基座

旋转平台起支撑望远镜在水平方向转动的作用。平台下部有一根竖轴,插入基座的轴套内。基座下面有3个脚螺旋和1块三角形托板,将水准仪装到三脚架上,从架头向底板旋入中心连接螺旋,可使水准仪和脚架连接在一起。转动脚螺旋使圆水准器气泡居中,旋转轴(竖轴)立即垂直。

2. 水准尺及尺垫

1) 水准尺

水准尺是水准测量时使用的标尺。其质量好坏直接影响水准测量的精度。因此,水准尺需用不易变形且干燥的优质木材制成;要求尺长稳定,分划准确。水准尺有直双面尺、折尺和塔尺 3 种,如图 2-1-5 所示。

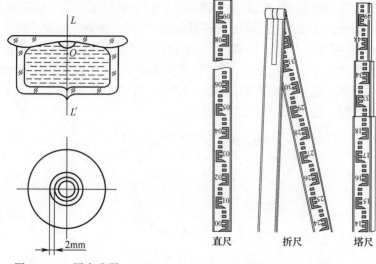

图 2-1-4　圆水准器　　　　　　　图 2-1-5　水准尺

双面水准尺多用于三、四等水准测量。其长度一般为 2m 或 3m,且两根尺为一对。每根尺的两面均有刻划,一面为红白相间称为红面,另一面为黑白相间称为黑面,两面刻划均为 1cm,并在分米处注记。两根尺的黑面均由零开始;而红面,一根尺由 4.687m 开始,另一根由 4.787m 开始。同一根尺的两面起始刻划不同,主要目的是为了在两面进行读数时可以互相检验校核。

折尺、塔尺多用于等外水准测量,目前常用合金制成,用两节或三节套接在一起,携带方便。尺的底部为零点,尺上有相间的黑白格,每格宽度为 0.5cm 或 1cm,有的尺上还有线划注记。

水准尺标注有正像和倒像。读数时判断好标注的数字正倒,从小数向大数读取即可。

2) 尺垫

尺垫是用生铁铸成的,一般做成三角形或圆形,中央有突起的圆球顶,以便放置水准尺,如图 2-1-6 所示。尺垫下面有 3 个尖脚便于插入土中。在连续水准测量中,为防止水准尺下沉导致高程发生变化,除在已知点或待求点上不放置尺垫外,在各转点上的水准尺底部都应放置尺垫。尺垫用在转点处放置水准尺以传递高程。

图 2-1-6　尺垫

五、水准仪的使用

水准仪的使用包括仪器的安置、粗平整平、瞄准、精确整平、读数等步骤。

1. 安置水准仪

将水准仪架设在前后两测点之间,3个脚尖呈等边三角形,目估架头大致水平,使仪器稳固地架设在脚架上。实验时,通过调节三脚架可伸缩架脚的长度,使仪器高度适中,从仪器箱中取出水准仪,用中心连接螺旋将其固定于三脚架的架头上,如图2-1-7所示。

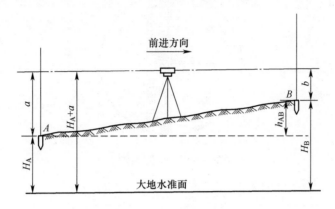

图2-1-7 水准测量原理

2. 粗平整平

粗平是调节水准仪基座上的脚螺旋,并借助圆水准器的指示,使仪器竖轴大致竖直,从而使视准轴大致水平。仪器安置完成后,气泡一般不会处于圆水准器中心,若气泡处于图2-1-8(a)位置处,则先按图上箭头所指的方向用两手相对同时转动脚螺旋1和2,使气泡移动到脚螺旋1和2连线的垂直平分线上,即图2-1-8(b)所示位置,然后调节另一个脚螺旋3,即可使气泡居中。在调节脚螺旋的过程中,气泡的移动方向始终与左手大拇指运动方向一致,这种方法称为左手大拇指法。

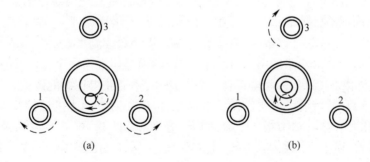

图2-1-8 圆水准器整平左手大拇指法

3. 瞄准

把望远镜对准水准尺,进行调焦(对光),使十字丝和水准尺成像都十分清晰,以便读数。具体操作过程:转动目镜对目镜进行调焦使十字丝十分清晰;放松水准仪制动螺旋,用望远镜上的缺口和准星对准尺子,旋紧制动螺旋固定望远镜;转动物镜对光螺旋对物镜进行调焦,使水准尺成像清晰;转动微动螺旋使十字丝竖丝位于水准尺上,如图2-1-9所示。十字丝十分清晰,水准尺成像清晰,说明二者在一个平面上,没有视差,如图2-1-10(a)所示。如果调焦不到位,就会使尺子成像与十字丝分划平面不重合,此时观测者的眼睛靠近目镜端

9

上下微微移动就会发现十字丝横丝在尺上的读数也在随之变动,这种现象称为视差,如图 2-1-10(b)所示。视差的存在将影响读数的正确性,必须加以消除。消除的方法是仔细反复调节目镜和物镜对光螺旋,直至尺子成像清晰稳定,读数不变为止。

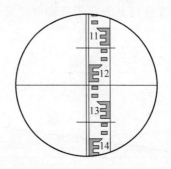

图 2-1-9　水准尺读数

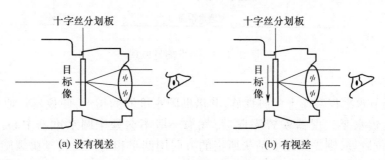

图 2-1-10　视差产生原因

4. 精平及读数

观察位于目镜侧符合气泡观察的窗口,转动微倾螺,使气泡两端成像吻合,此时水准管轴水平,水准仪的视准轴精确水平(自动安平水准仪,不需要精平,可以直接读数),即可用十字丝的中丝在尺上读数。读数时,应按标尺注记从小数读到大数,精平和读数虽是两项不同的操作步骤,但在水准测量的实施过程中,却把两项操作视为一个整体,即精平后再读数,读数后还要检查水准气泡是否完全符合。只有这样,才能获得正确的读数。

为了保证读数的准确性,并提高读数的速度,可以先看好厘米的估读数(毫米数),然后将全部读数报出。一般习惯上报 4 个数,即米、分米、厘米、毫米,并且以毫米为单位。如图 2-1-8 所示,标尺注记从小数读到大数,上面的数字小,下面的数字大,从上向下读,两个 E 的最长尖角间为 10cm,水准尺读数为 1258(1.258m),这个读数,前三位是精确数字,最后一位是估读数据。

六、水准仪使用注意事项

(1)双面尺:不要记错尺常数。

(2)记录:要认真核对数据的尺寸单位,不要记错单位度量。

七、技术要求

(1)双面尺法:两次测定的高差之差应小于 5mm,基辅面之差应小于 3mm。

(2)仪器高法:仪器高度变化(升高或降低)幅度应大于10cm。

八、思考题

(1)什么是左手大拇指法?
(2)什么是视差?视差产生的原因是什么?如何消除视差?
(3)水准尺如何读数?

九、实验报告

每组上交(或每人上交):
(1)水准测量记录表(表2-1-1)。
(2)每人上交实验过程照片:扶尺子的照片、操作仪器的照片、记录数据的照片、全组合影等。

表 2-1-1　水准测量记录表

日期_____年____月____日　天气_____组号_____指导老师_____
仪器型号_____仪器编号_____施测路线_____
组长_____记录者_____组员_____

测点	水准尺读数		高差/mm		高程/m	备注
	后视/mm	前视/mm	+	−		
计算检核 Σ						

实验二 电子水准仪的认识

一、实验目的

(1) 了解电子水准仪的基本构造及性能,认识其主要部件的名称和作用。
(2) 练习水准测量一测站的观测、记录和计算。

二、实验计划

(1) 实验学时数:2 学时。
(2) 每组在实验场地任选两点,放上尺垫,每人改变仪器高度后分别测出这两点尺垫间的高差。

三、实验仪器

电子水准仪 1 台及其配套的水准尺 2 把、尺垫 2 个、三脚架 1 个。

四、电子水准仪的认识

电子水准仪又称为数字水准仪,是以自动安平水准仪为基础,在望远镜光路中增加了分光镜和读数器,并采用条码标尺和图像处理电子系统而构成的光机电测一体化的测量仪器。

电子水准仪采用条码标尺,其读数采用自动电子读数,即利用仪器里的十字丝瞄准的电子照相机,当按下测量键(measure)时,仪器就会把瞄准并调焦好的尺子上的条码图片进行快照,同时将其与仪器内存中的同样尺子的条码图片进行比较和计算,从而尺子的读数就可以被计算出来并且保存在内存中。

目前,电子水准仪的照准标尺和调焦仍需目视进行。人工调试后,标尺条码一方面被成像在望远镜分化板上,供目视观测;另一方面通过望远镜的分光镜,又被成像在光电传感器(又称为探测器)上,即线阵 CCD 器件上,供电子读数。由于各厂家标尺编码的条码图案各不相同,因此条码标尺一般不能互通使用。当使用传统水准标尺进行测量时,电子水准仪也可以像普通自动安平水准仪一样使用,不过这时的测量精度低于电子测量的精度,特别是精密电子水准仪,由于没有光学测微器,当成普通自动安平水准仪使用时,其精度更低。电子水准仪和条码水准尺,如图 2-2-1 所示。

电子水准仪一般由基座、水准器、望远镜及数据处理系统组成,它的光学系统、机械系统和自动安平水准仪基本相同,其原理和操作方法也大致相同,只是读数系统不同。

各学校所拥有的电子水准仪数量不会太多,且型号也会不同。各种型号的电子水准仪的外形、体积、重量、性能均有所不同。

五、电子水准仪的使用

1. 调平参数

调平水准仪,使气泡位于圆水准器中央,然后开机。使用仪器前需对仪器参数进行设置,以下各值按照二等水准测量设定。

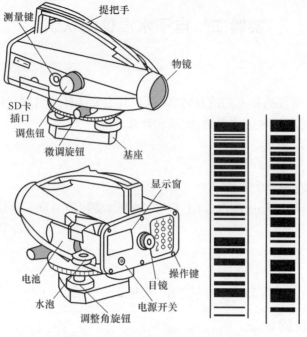

图 2-2-1　电子水准仪和条码水准尺

（1）Height Unit：测量的高程的单位和记录到内存的单位(m)。

（2）Display resolution：最小显示单位(0.0mm)。

（3）Maxdist：输入最大测量距离,当测量的距离超过此距离时会警告用户(100m)。

（4）Minsight：大气垂直折光的影响是精密水准测量的主要误差之一,特别是视线越接近地面,大气垂直折光的影响越大。为减弱其影响,国家水准测量规范对前后视的视线高度有严格要求,二等输入最小视线高度为 0.30m。

（5）Maxdiff：输入在线路测量的 BFF 模式中一测站最大偏差(0.001m)。

（6）Time：设置时间。

2. 建立新项目

在仪器左边显示屏幕上,选择文件进入,选择项目管理,进入新建项目,输入项目名称。

3. 开始路线测量

在仪器左边显示屏幕上,第一选择测量进入;第二选择水准线路满量,进入新线路测量,输入路线号;第三选择测量模式(BFFB),输入后视点点号,高程、代码,然后就可以开始测量。

4. 中断和结束测量

当测站双测结束后,就可以换站了,一般情况下不用关机,即使把水准仪关闭后再换站,当打开仪器后也可以直接进入刚才观测的界面,并且可以继续进行水准路线测量。当观测结束并且已经观测到最后的闭合点时,可以按下测段结束键(End)结束测量,同时输入结束点点号、高程、代码,此时仪器将显示出起始点和终止点的高程之差、前后视距之和等信息。

5. 记录的数据格式

数据文件在电子水准下,以 ＊.dat 文件形式保存,以 EMC 模式进行存储,有两种数据格式选择：一种是 RECE(M5),另一种是 RECS00。它们均可用于记录和传输数据,RECE

(M5)比 RECS00 记录的内容更全面,并且两者都可以在任何文本编辑器中编辑。

六、电子水准仪使用特点及注意事项

(1) 读取数据速度快。先进的感光读数系统感应可见白光即可测量,最短能够在 3s 内记录下测量值,省去了报数、听记、现场计算的时间,以及人为出错的重测等重复和检核工作。其测量时间与传统仪器相比,可以节省 1/3 左右。

(2) 效率高。只需调焦和按键就可以自动读数,减轻劳动强度。视距还能自动记录,检核,处理并能输入计算机进行后处理,可实现内外业一体化。

(3) 读取数据精度高。视线高和视距读数都是采用大量条码分划图像经处理后取平均值得出来的,因此削弱了标尺分划误差的影响。多数仪器都有进行多次读数取平均值的功能,可以削弱外界条件影响。不熟练的作业人员也能进行高精度测量。数据质量受仪器影响较小,仪器具有自动安平补偿器。

(4) 读数客观。不存在误差、误记问题,没有人为读数误差。

(5) 电子水准仪是精密的电子仪器,在运输和使用过程中要注意安全,避免强烈振动。

(6) 照准标尺应对物镜进行调焦,使标尺成像清晰方可读数。

七、实验报告

每组上交(或每人上交):

(1) 电子水准测量记录表(表 2-2-1)。

(2) 每人上交实验过程照片:扶尺子的照片、操作仪器的照片、记录数据的照片、全组合影等。

表 2-2-1 电子水准测量记录表

日期_____年____月____日 天气_____组号_____指导老师_____
仪器型号____仪器编号_____施测路线_____
组长_____记录者_____组员_____

测站编号	后距 视距差	前距 累计视距差	方向及尺号	标尺读数		两次读数之差	备注
				第一次读数	第二次读数		
			后				
			前				
			后-前				
			h				
			后				
			前				
			后-前				
			h				
			后				
			前				
			后-前				
			h				
			后				
			前				
			后-前				
			h				
			后				
			前				
			后-前				
			h				
			后				
			前				
			后-前				
			h				
			后				
			前				
			后-前				
			h				
			后				
			前				
			后-前				
			h				
计算检核							

实验三　普通水准测量

一、实验目的

(1) 通过实验进一步熟悉水准仪的操作。
(2) 了解水准测量的过程,掌握水准测量的记录、计算格式。
(3) 熟悉水准测量的误差来源及注意事项,掌握水准测量的检核方法、各项限差。

二、实验仪器

每组 DS_3 型微倾式水准仪 1 台、水准尺 2 把、尺垫 2 个、卷尺 1 卷。

三、实验计划

(1) 实验学时数:2 学时。
(2) 实验小组至少 4 人组成,任务包括扶尺、观测、记录计算。实验过程中组员轮流交替完成任务。

四、实验要求

(1) 每小组完成该整段合格的水准测量的观测、记录、计算及检核。
(2) 组内每人至少完成一测段合格的水准测量的观测、记录、计算及检核。

五、实验方法和步骤

(1) 在测区选择一个已知的固定水准点,确定一条闭合路线,将该闭合路线分成合适段数,其余测点待定(4~8 个为宜)。
(2) 在起始水准点与第一个测点之间安置水准仪(目测或步测使前后视距大致相等,宜在 30~50m)。在前后测点上竖立水准尺(起始水准点及待定测点上均不放尺垫,转点上必须放置尺垫),测出测点高差。
(3) 计算数据,若合格则设下一测站,否则重测。
(4) 依次设站测量,直到闭合到起始水准点。
(5) 计算高差闭合差和容许闭合差 f_h、$f_{h容}$。

六、相关公式

根据《工程测量规范》(GB 50026—2020):
(1) 三等水准测量高差容许闭合差:山地 $\pm 4\sqrt{n}$;平原 $\pm 12\sqrt{L}$;
(2) 四等水准测量高差容许闭合差:山地 $\pm 6\sqrt{n}$;平原 $\pm 20\sqrt{L}$;
(3) 图根水准测量高差容许闭合差:山地 $\pm 12\sqrt{n}$;平原 $\pm 40\sqrt{L}$;
式中:n 为测站数;L 为水准路线长度(km)。

七、注意事项

(1) 选择测站及转点时尽量避开车辆和行人。
(2) 前后视距大致相等,仪器与前后测点不一定要求三点一线。
(3) 每次读数时要消除视差,并使气泡居中。
(4) 水准尺应立直,始水准点及待定测点上均不放尺垫,转点上必须放置尺垫,并一次踩实。水准尺应放在尺垫上凸出的半圆球顶上。
(5) 同一测站,圆水准器只能整平一次。

八、实验报告

每组上交(或每人上交):
(1) 水准测量记录表(表 2-3-1)。
(2) 水准测量成果计算表(表 2-3-2)。
(3) 每人上交实验过程照片:水准读数的照片、记录数据的照片、扶水准尺的照片、全组合影、老师在指导实验的照片,如图 2-3-1 所示。

在水准读数

在记录数据

在扶水准尺子

第2组合影

老师在指导实验

图 2-3-1 测量过程影像资料记录

九、练习题

(1) 水准测量中,转点起到什么作用?

(2) 调整高差闭合差的方法是什么?

(3) 在测站上,当读完后视读数,转动望远镜读前视读数时,发现圆水准气泡偏离中心很多,此时应采取的措施为(　　)。

A. 调整脚螺旋使圆水准气泡居中后继续读前视读数

B. 调整脚螺旋使圆水准气泡居中后重读后视读数,再读前视读数

C. 不需要调整脚螺旋,继续读前视读数

(4) 在计算检核时,若发现 $\sum a - \sum b \neq \sum h$,这说明(　　)。

A. 观测数据有错误　　B. 高差计算有错误　　C. 测量中有误差

表 2-3-1　水准测量记录表

日期_____年____月____日　天气_____组号_____指导老师_____
仪器型号____仪器编号_____施测路线_____
组长_____记录者_____组员_____

测点	水准尺读数		高差/mm		高程/m	备注
	后视/mm	前视/mm	+	−		
计算检核 Σ						

表 2-3-2　水准测量成果计算表

组号_____指导老师_____仪器型号_____

组长_____记录者_____组员_____

点号	测站数	测得高差/mm	高差改正数/mm	改正后高差/mm	高程/mm
Σ					

辅助计算：f_h =　　　　　　　　　　$f_{h容}$ =

实验四 四等水准测量

一、实验目的

（1）掌握四等水准测量的观测、记录和计算方法。
（2）掌握四等水准测量的主要技术指标，进行四等水准测量测站及路线检核。

二、实验计划

（1）实验学时数：2学时。
（2）每实验小组由5人组成。1人观测、1人记录、2人扶尺、1人摄像，实验过程中轮流交替进行。
（3）每组完成一闭合水准路线四等水准测量的观测、记录、测站计算、高差闭合差调整及高程计算工作。
（4）每人独立完成一测段合格的四等水准测量及高差的计算，组内进行成果比较，相差较大者，应找出原因并重测。

三、实验仪器

DS_3型微倾式水准仪1台、双面水准尺2把、尺垫2只等。

四、方法步骤

（1）在实验场地上，以指导老师指定的一点作为起始水准点，选择一条闭合水准路线，路线共由4点组成，另3点为待测点。全线安置4~6站为宜。
（2）在起点和第一个转点之间安置水准仪并整平（可用目估或步量等方式，使前、后视距大致相等），在起点和转点上分别竖立水准尺（在已知水准点和待测水准点上均不放尺垫，而在转点上必须放置尺垫）。
（3）一个测站的观测按如下顺序实施：
① 读取后视尺黑面读数：下丝（1）、上丝（2）、中丝（3）；
② 读取后视尺红面读数：中丝（8）；
③ 读取前视尺黑面读数：下丝（4）、上丝（5）、中丝（6）；
④ 读取前视尺红面读数：中丝（7）。
（4）记录员将各个读数依次记录在四等水准测量记录表（表2-3-1）的各记录栏中。
（5）各个测站的计算，如下：
① 视距部分：
后距：（9）=[（1）-（2）]×100；
前距：（10）=[（4）-（5）]×100；
前后视距差：（11）=（9）-（10）；
前后视距离不超过5m。
前后视距差累计值：（12）=上一测站（12）+本测站（11）；

前后视距差累计值不超过 10m。

② 高差部分：

同一水准尺黑、红面读数差计算（$K_1 = 4.787$、$K_2 = 4.687$）；

$(13) = (3) + K_1 - (8)$，绝对值不应超过 3mm；

$(14) = (6) + K_2 - (7)$，绝对值不应超过 3mm；

式中：K_1 和 K_2 分别为两水准尺的尺常数。

黑面高差：$(16) = (3) - (6)$；

红面高差：$(17) = (8) - (7)$；

黑红面高差之差：$(15) = (16) - (17) \pm 0.100 = (13) - (14)$，黑、红面所得高差之差不超过 5mm；

高差中数（平均值）：$(18) = \dfrac{[(16) + (17) \pm 0.100]}{2}$；

式中：± 0.100 为两水准尺常数 K 之差。

（6）依次测量，测出路线上其他各站的高差。

（7）全路线测量完成后，进行线路计算验核。

前后视距总和，路线总长：$L = \sum(9) + \sum(10)$；

视距差累计值末站：$(12) = \sum(9) - \sum(10)$。

当测站数为偶数时：

$$\text{高差总和} = \sum(18) = \frac{1}{2}\left[\sum(17) + \sum(16)\right]$$

$$= \frac{1}{2}\left\{\sum[(3)+(8)] - \sum[(6)+(7)]\right\}$$

当测站数为奇数时：

$$\text{高差总和} = \frac{1}{2}\left\{\left[\sum(3) + \sum(8)\right] - \left[\sum(6) + \sum(7)\right]\right\} =$$

$$\frac{1}{2}\left[\sum(17) + \sum(16)\right] = \sum(18) \pm 0.100$$

（8）进行高差闭合差的计算与调整，算出待定点的高程（有已知高程点，按已知点进行计算。也可以假设起始水准点高程为 10.000m）。

五、技术要求（表 2-4-1、表 2-4-2）

表 2-4-1　四等水准测量的测站技术要求

等级	水准仪的型号	视线长度/m	前后视距差/m	前后视距累积差/m	视线离地面最低高度/m	黑面、红面读数差/mm	黑面、红面所测高程差/mm
四等	DS_3	100	5.0	10.0	0.2	3.0	5.0

表 2-4-2　四等水准测量主要技术要求

等级	水准仪等级	观 测 次 数		往返较差或环线闭合差	
		与已知点联测	附合或闭合	平地/mm	山地/mm
四等	DS_3	往返各一次	往一次	$\pm 20\sqrt{L}$	$\pm 6\sqrt{n}$

六、注意事项

(1) 每站观测完毕,应立即进行计算,如果符合规定要求,可以搬站继续施测;否则应重新观测,直至所有观测数据符合规定要求时,才可以搬站。

(2) 当用正像仪器观测时,黑面读数可按上、下、中三丝读数的顺序进行读数。

七、实验报告

每组上交(或每人上交;测量数据一样,计算分析各位同学自己独立进行):

(1) 四等水准测量记录表(表 2-4-3)。

(2) 水准测量成果整理表(表 2-4-4)。

(3) 每人上交实验过程照片:扶尺子的照片、操作仪器的照片、记录数据的照片、全组合影等。

表 2-4-3　四等水准测量手簿

日期_____年____月____日　天气_____组号_____指导老师_____
仪器型号____仪器编号_____施测路线_____
组长_____记录者_____组员_____

测站编号	点号	后尺 下丝/上丝 后距/m 前后视距差/m	前尺 下丝/上丝 前距(m) 累计差/m	方向及尺号	水准尺读数 黑面/mm	水准尺读数 红面/mm	K+黑−红/mm	高差中数/mm	备注
		(1)	(4)	后	(3)	(8)	(13)		
		(2)	(5)	前	(6)	(7)	(14)	(18)	
		(9)	(10)	后−前	(16)	(17)	(15)		
		(11)	(12)						
				后					
				前					
				后−前					
				后					
				前					
				后−前					
				后					
				前					
				后−前					
				后					
				前					
				后−前					
				后					
				前					
				后−前					
计算检核									

表 2-4-4　水准测量成果整理表

日期_____年____月____日　天气_____组号_____指导老师_____
仪器型号___组长_____记录者_____组员_____

点号	距离/km	测得高差/mm	高差改正数/mm	改正后高差/mm	高程/mm
Σ					

实验五　水准仪的检验与校正

一、实验目的

(1) 掌握水准仪的主要轴线及它们之间应满足的条件。
(2) 熟悉 DS_3 型微倾式水准仪的检验与校正方法,既要实验,又应注重检验,保证实验仪器是合格的。校正只需了解,因为如果检验不合格,一般仪器都是返回工厂进行校正,工厂校正得更准确。

二、实验计划

(1) 实验学时数:2学时。
(2) 每实验小组由4人组成。1人检校、1人记录、2人扶尺,可轮流交替进行。
(3) 每组完成一台 DS_3 型微倾式水准仪的检验与校正工作。

三、实验仪器

每实验小组的实验器材:DS_3 型微倾式水准仪1台、水准尺2把、尺垫2个、皮尺1把、校正针1根、小螺丝刀1把。

四、水准仪应满足的条件

根据水准测量原理,水准仪必须提供一条水平视线才能正确地测出两点间的高差,如图2-5-1所示。因此,水准仪的轴线应满足的条件如下:

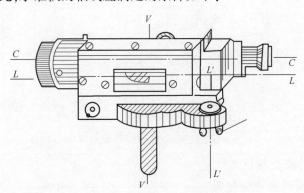

图 2-5-1　水准仪的轴线

(1) 圆水准器轴 $L'L'$ 应平行于仪器的竖轴 VV。
(2) 十字丝的中丝(横丝)应垂直于仪器的竖轴。
(3) 水准管 LL 应平行于视准轴 CC。

五、方法步骤

1. 一般检查

安置仪器后,首先检查以下几方面:三脚架是否牢固,仪器外表是否损伤,仪器转动是否灵活,螺旋是否有效,光学系统是否清晰、有无霉点等。

2. 圆水准器的检验与校正

目的:检验圆水准器轴是否平行于仪器竖轴。如果是平行的,即$L'L'//VV$,则当气泡居中时,仪器的竖轴就处于铅垂位置。

检验:安置仪器后、转动脚螺旋使圆水准气泡居中,然后将仪器绕竖轴旋转180°。如气泡仍居中,则说明圆水准器轴平行于竖轴,即$L'L'//VV$。如果气泡偏离零点,则说明两轴不平行,即$L'L'$与VV不平行。

由图2-5-2(a)可知,当圆水准气泡居中时,圆水准器轴处于竖直位置。由于$L'L'$不平行于VV,竖轴相对铅垂线方向偏离了α角。当仪器绕竖轴旋转了180°之后,圆水准器轴从竖轴的右侧转至左侧,它的竖轴夹角仍为α,因此与铅垂线的夹角为2α,如图2-5-2(b)所示,此时需要进行校正。

校正:转动脚螺旋使气泡退回偏离值的一半,如图2-5-2(c)所示,此时竖轴处于竖直位置,圆水准器轴仍偏离铅垂线方向角α。然后,用校正针拨动圆水准器底下的3个校正螺丝,使气泡居中,如图2-5-2(d)所示,此时圆水准器轴也处于铅垂方向,圆水准器轴与竖轴平行。

此项检验与校正应反复进行,直到仪器转动至任何方向时气泡都居中为止。最后注意拧紧螺丝。

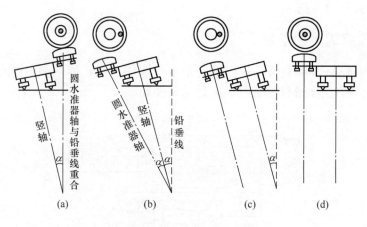

图2-5-2 圆水准器的检验与校正

3. 十字丝横丝的检验与校正

目的:使十字丝横丝垂直于竖轴。

检验:仪器整平后,用十字丝横丝的交点对准远处一明显的点标志,如图2-5-3(c)所示,先拧紧制动螺旋,再转动微动螺旋,使望远镜视准轴绕竖直的竖轴沿水平方向转动。如果点的标志离开横丝,如图2-5-3(d)所示,则表示十字丝横丝与竖丝不垂直于竖轴,需要校正。

校正:校正方法因十字丝分划板座装置的形式不同而异。对于如图2-5-4所示,用螺丝刀松开分划板座固定螺丝,转动分划板座,改正偏离量的一半,即满足条件。也可以卸下目镜处的外罩,用螺丝刀松开分划板座的固定螺丝,拨开分划板座。

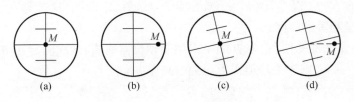

图 2-5-3 十字丝检验

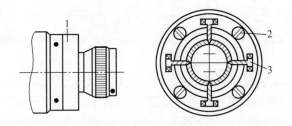

1—十字丝分划板护罩;2—十字丝压环螺钉;3—十字丝校正螺钉。

图 2-5-4 十字丝的校正装置

4. 水准管轴的检验与校正

目的:检验水准管轴是否平行于视准轴。如果是平行的,则当水准管气泡居中视准轴是水平的。

检验:如图 2-5-5 所示,在较平坦的地面上选定相距 80~100m 的 A、B 两点。

(1) 将水准仪安置在 A、B 两点中间,使两端距离严格相等,测出两点的正确高差 $h_1 = a_1 - b_1$。

如果水准管轴不平行于视准轴,则会产生 i 角误差,图 2-5-5 中假设视线向上倾斜。由于 i 角是固定的,所以读数偏差值 x 的大小与视线长成正比。在图 2-5-5 中,仪器所在位置与 A、B 两点的距离相等,故 i 角误差在 A、B 尺上所引起的读数偏差 x_1 相等,其高差:

$$h_1 = (a_1 + x_1) - (b_1 + x_1) = a_1 - b_1$$

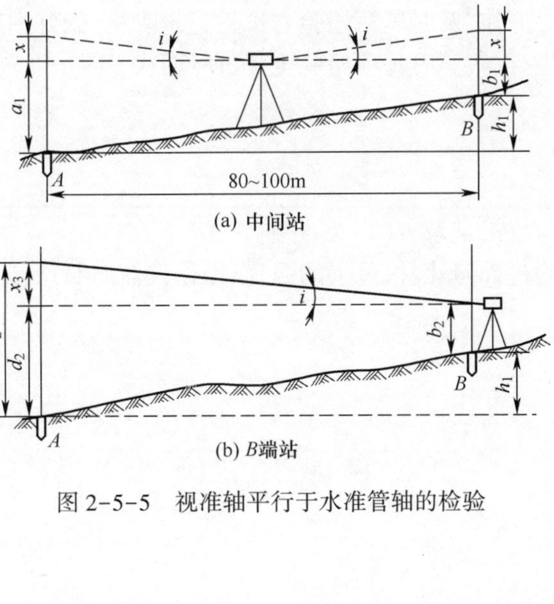

(a) 中间站

(b) B 端站

图 2-5-5 视准轴平行于水准管轴的检验

可见,即使存在角 i 误差,由 a_1、b_1 算出的高差仍是正确的,这就是在水准测量中要求前、后视距离尽量相等的原因。

为了确保高差的准确性,在 A、B 的中点用变动仪器高法,两次测定 A、B 的高差,若两次高差之差不大于 3mm,则取平均值作为正确的高差 h_{AB}。

(2)将水准仪搬至距离 B 点约 2m 的 D 点处,精平后读取 B 点尺读数 b_2。因为仪器离 B 点很近,i 角误差引起的读数偏差可忽略不计,即认为 $b_2 = b_2'$,所以根据 b_2 和高差 h_{AB} 算出 A 点尺上水平视线的读数为

$$a_2' = b + h_{AB}$$

精平并读取 A 点尺读数 a_2。如果 $a_2' = a_2$,则说明两轴平行。否则,存在 i 角。DS$_3$ 型微倾式水准仪 i 角大于 20″时,需要进行校正。

校正:转动微倾螺旋,使十字丝的横丝对准 A 点尺上读数 a_2',此时视准轴处于水平位置,而水准管气泡不再居中。先用校正针先拨松水准管左、右端校正螺丝(图 2-5-6),再拨动上、下两个校正螺丝,使偏离的气泡重新居中,最后将校正的螺丝旋紧。此项校正工作应反复进行,直至达到要求为止。

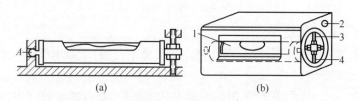

1—水准管;2—气泡观察窗;3—上校正螺钉;4—下校正螺钉。

图 2-5-6 水准管的校正

六、技术要求

DS$_3$ 型微倾式水准仪的 i 角不应大于 20″,否则应进行水准管轴的校正。

(1)各检验项目应按本实验方法步骤的顺序进行。

(2)实验时应细心操作,及时填写检验与校正记录表格,做好拍照记录工作。

(3)检验要反复进行,实验时每项检验至少进行两次。

七、实验报告

每组上交:

(1)水准仪检验与校正记录表(表 2-5-1)。

(2)每人上交实验过程照片:扶尺子的照片、操作仪器的照片、记录数据的照片、全组合影等。

表 2-5-1 水准仪检验与校正记录表

日期_____年____月____日　天气_____组号_____指导老师_____
仪器型号____仪器编号_____施测路线_____
组长_____记录者_____组员_____

(1) 一般检查。

仪器外表有无损伤,脚架是否牢固	
仪器转动是否灵活,螺旋是否有效	
光学系统有无霉点	

(2) 圆水准器轴平行于仪器竖轴。

转180°检验次数	气泡偏离数/mm

(3) 十字丝横丝垂直于仪器竖轴。

检验次数	固定点偏离横丝是否显著

(4) 水准管轴平行于视准轴。

仪器在中点求正确高差			仪器在 B 点旁检验校正		
第一次	A 点尺上读数 a_1		第一次	B 点尺上读数 b_2	
	B 点尺上读数 b_1			A 点尺上应读数 $a_2 = b_2 + h_{AB}$	
	$h_1 = a_1 - b_1$			A 点尺上实际读数 a_2	
第二次	A 点的尺上读数 a'_1		第二次	i	
	B 点的尺上读数 b'_1			B 点尺上读数 b'_2	
	$h'_1 = a'_1 - b'_1$			A 点尺上应读数 $a'_2 = b'_2 + h'_{AB}$	
平均	平均高差 $h_{AB} = \dfrac{1}{2}(h_1 + h'_1)$			A 点尺上读数 a'_2	
				i	

实验六　电子水准仪的使用

一、实验目的

(1) 掌握电子水准仪的安置、瞄准和读数方法。
(2) 熟练掌握电子水准仪的使用,测定地面两点间的高差,观测、记录和计算校核。

二、实验计划

(1) 实验学时数:2学时。
(2) 以小组形式进行实验,每个小组可由4~6人组成。
(3) 小组成员轮流操作,从全方面熟悉实验。
(4) 每个小组完成两点之间高差的观测工作。

三、实验仪器

电子水准仪1台及其配套的水准尺2把(图2-2-1)、尺垫2个、三脚架1个。

四、方法步骤

电子水准仪的使用,电子水准仪的操作应在指导老师演示后实施。
(1) 在试验场地上选择两点A、B,在两点各放尺垫并立尺,在两点间安置仪器。
(2) 安置仪器:电子水准仪的安置同光学水准仪。
(3) 整平:旋动脚螺旋使圆水准盒气泡居中。
(4) 输入观测参数:输入观测高程。
(5) 观测:将望远镜对准条纹水准尺,按仪器上的测量键。
(6) 读数:直接从显示窗中读取高差和高程。同时还可获取距离等其他数据。
(7) 实验时对A、B点高差观测两次。

五、技术要求

两次测定的高差相差不超过3mm。

六、注意事项

(1) 不要将镜头对准太阳,将仪器直接对准太阳会损伤观测员眼睛及损坏仪器内部电子元件。在太阳较低或阳光直接射向物镜时,应用伞遮挡。
(2) 条纹编码尺表面保持清洁,不能擦伤。仪器是通过读取尺子黑白条纹来转换成电信号的,如果尺子表面粘上灰尘、污垢或擦伤,则会影响测量精度或根本无法测量。
(3) 测量工作完成后应注意关闭电源并整理好仪器。
(4) 测量时,电水准尺要扶正,并且不能上下扶颠倒,颠倒测不出数。

七、实验报告

每组上交(或每人上交):

（1）电子水准测量记录表（表2-6-1）。
（2）水准测量成果整理表（表2-6-2）。
（3）每人上交实验过程照片：扶尺子的照片、操作仪器的照片、记录数据的照片、全组合影等。

八、练习题

1. 与电子水准仪配套使用的水准尺是（　　）。
A. 普通双面水准尺
B. 条纹编码尺
C. 因瓦水准尺
2. 电子水准尺内部（　　）。
A. 具有红外光光源
B. 没有发光源
C. 具有激光光源

表 2-6-1　二等水准测量数据

日期_____年_____月_____日　天气_____组号_____班级_____
总_____页　第_____页
仪器型号_____仪器编号_____组长_____记录者_____组员_____

测站编号	后距 视距差	前距 累计视距差	方向及尺号	标尺读数		两次读数之差	备注
				第一次读数	第二次读数		
			后				
			前				
			后-前				
			h				
			后				
			前				
			后-前				
			h				
			后				
			前				
			后-前				
			h				
			后				
			前				
			后-前				
			h				
			后				
			前				
			后-前				
			h				
			后				
			前				
			后-前				
			h				
			后				
			前				
			后-前				
			h				
			后				
			前				
			后-前				
			h				
计算检核							

表 2-6-2 水准测量成果整理表

日期_____年____月____日 天气_____组号_____指导老师_____
仪器型号___组长_____记录者_____组员_____

点号	距离/km	测得高差/mm	高差改正数/mm	改正后高差/mm	高程/mm
Σ					

实验七　经纬仪的认识与使用

一、实验目的

（1）了解 DJ_6 型光学经纬仪的基本构造及性能，认识其主要部件的名称和作用。

（2）掌握 DJ_6 型光学经纬仪的对中、整平、瞄准和读数方法。

（3）学会用经纬仪观测水平角的方法、步骤、记录、计算和校核。

二、实验计划

（1）实验学时数：2~4 学时。

（2）以小组形式进行实验，每个小组可由 4~6 人组成。1 人观测，1 人记录，1 或 2 人扶测钎（或花杆），1 人拍照记录实验过程。

（3）小组成员轮流操作，从全方面熟悉实验。

（4）每组在实验场地上选定一个测点，选择两个目标点，每人独立进行对中、整平、瞄准、读数，用测回法观测水平角。

三、实验仪器

DJ_6 型光学经纬仪 1 台，测钎或花杆 2~4 根，三脚架 1 个。

四、方法步骤

1. 经纬仪的认识

经纬仪的主要功能就是测定（或放样）水平角和竖直角。另外，经纬仪有测距功能（如视距丝）可用于距离测量。

经纬仪通常用符号"DJ"表示，D 代表"大地测量"，J 代表"经纬仪"，二者均为对应专业术语汉语首字母缩写；后面的数字 6 表示该种类型的经纬仪一测回方向的观测中误差为 6″（以 DJ_6 型光学经纬仪为例）。各种光学经纬仪的组成基本相同。

DJ_6 型光学经纬仪的主要构造如下：

DJ_6 型光学经纬仪由照准部、水平度盘和基座三部分组成，如图 2-7-1 所示。

1）照准部

照准部是基座上方能够转动部分的总称，主要由望远镜、竖直度盘、水准器以及读数设备等组成。望远镜用于瞄准目标，其构造与水准仪相似。望远镜与横轴固连在一起安置在支架上，支架上装有望远镜的制动和微动螺旋以控制望远镜在竖直方向的转动。竖直度盘（简称为竖盘）固定在横轴的一端，用于测量竖直角。竖盘随望远镜一起转动，而竖盘读数指标不动，但可通过竖盘指标水准管微动螺旋做微小移动。调整此微动螺旋使竖盘指标水准管气泡居中，指标位于正确位置。目前，有许多经纬仪已不采用竖盘指标水准管，而用自动归零装置。照准部水准管是用来整平仪器的，圆水准器用作粗略整平。读数设备包括一个读数显微镜、测微器以及光路中一系列的棱镜、透镜等。此外，为了控制照准部水平方向的转动，装有水平制动和微动螺旋。

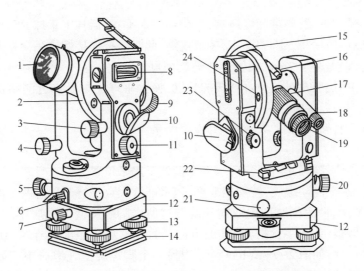

1—望远镜物镜;2—竖直度盘;3—竖盘指标水准管微动螺旋;4—望远镜微动螺旋;5—水平微动螺旋;
6—水平制动螺旋;7—轴座固定螺旋;8—竖盘指标水准管;9—望远镜目镜;10—反光镜;11—测微轮;
12—基座;13—脚螺旋;14—连接板;15—望远镜;16—照准器;17—对光螺旋;18—读数显微镜;
19—目镜对光螺旋;20—拨盘手轮;21—堵盖;22—照准部水准管;23—自动归零锁紧手轮;24—堵盖。

图 2-7-1　DJ_6 型光学经纬仪

2) 水平度盘

水平度盘是由光学玻璃制成的精密刻度盘,分划从 0°至 360°,按顺时针注记,每格 1°或 30′,用以测量水平角。水平度盘的转动由度盘变换手轮来控制。转动手轮,度盘即可转动,但有的经纬仪在使用时,须将手轮推压进去再转动手轮,度盘才能随之转动,这种结构不能使度盘随照准部一起转动。还有少数仪器采用复测装置,当复测扳手扳下时,照准部与度盘结合在一起,照准部转动,度盘随之转动,度盘读数不变;当复测扳手扳上时,两者相互脱离,照准部转动时就不再带动度盘,度盘读数就会改变。

3) 基座

基座是仪器的底座,由一固定螺旋将两者连接在一起。使用时应检查固定螺旋是否旋紧。如果松开,测角时仪器会产生带动和晃动,迁站时还容易把仪器摔在地上,造成损坏。将三脚架上的连接螺旋旋进基座的中心螺母中,可使仪器固定在三脚架上。基座上还装有 3 个脚螺旋用于整平仪器。

由于用垂球对中不仅受风力影响,而且当三脚架架头倾斜较大时,也会给对中带来影响,因此目前生产的光学经纬仪均装有光学对中器。与垂球对中相比,具有精度高和不受风的影响等优点。用光学对中器对中,精度可达到 1~2mm,高于垂球对中精度。

2. 经纬仪的使用

经纬仪的使用包括对中、整平、瞄准和读数 4 项操作。

1) 对中

对中就是使水平度盘的中心与地面测站点的标志中心位于同一铅垂线上。对中的方法有垂球对中及光学对中两种,先进行垂球对中,再进行光学对中。垂球对中属于粗对中,光学对中器对中是精准对中。

对中应与仪器整平同时进行。对中时,先把三脚架张开,架在测站点上,根据观测者身高调整好三脚架腿的长度,要求高度适宜,架头大致水平;然后挂上垂球,平移三脚架使垂球尖大致对准测站点;最后将三脚架踩实,装上仪器,此时应把连接螺旋稍微松开,在架头上移动仪器精确对中,误差小于 2mm,旋紧连接螺旋即可。

在用垂球对中时,应及时调整垂球线的长度,使得垂球尖尽量靠近测站点,以保证对中精度。但不得与测站点接触。

要求:高度适当,架头概平,大致对中,稳固可靠。

2) 整平

整平的目的是使仪器的竖轴竖直,水平度盘处于水平位置。

整平时,松开水平制动螺旋,转动照准部,使水准管大致平行于任意两个脚螺旋的连线,如图 2-7-2(a)所示,两手同时向内或向外旋转这两个脚螺旋使气泡居中。气泡的移动方向一般与左手大拇指(或右手食指)移动的方向一致。然后将照准部旋转 90°,水准管处于原来位置的垂直位置,如图 2-7-2(b)所示,用另一个脚螺旋使气泡居中。如此反复操作,直至照准部转到任何位置,气泡都居中为止。

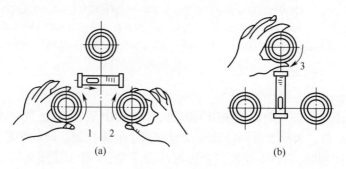

图 2-7-2 经纬仪整平

整平分为粗平、精平两个过程。

粗平:调整三角架,使圆水准器气泡居中。

精平步骤如下:

(1) 转动照准部使水准管与所选二个脚螺旋中心连线平行,相对转动二个脚螺旋使水准管气泡居中。

(2) 转动照准部 90°,转动第三脚螺旋使水准管气泡居中。

重复上面步骤使水准器气泡精确居中。

3) 光学对中和整平

使用光学对中器对中,应与整平仪器结合进行,其操作步骤如下:

(1) 将仪器置于测站点上,3 个脚螺旋调至中间位置,架头大致水平,光学对中器大致位于测站点的铅垂线上,将三脚架踩实。

(2) 旋转光学对中器的目镜,看清分划板上的圆圈,拉或推动目镜使测站点影像清晰。

(3) 旋转脚螺旋使光学对中器对准测站点。

(4) 利用三脚架的伸缩螺旋调整架腿的长度,使圆水准器气泡居中。

(5) 用脚螺旋整平照准部水准管。

(6) 用光学对中器观察测站点是否偏离分划板圆圈中心。如果偏离,则稍微松开三脚架连接螺旋,在架头上移动仪器,圆圈中心对准测站点后旋紧连接螺旋。

(7) 重新整平仪器,直至在整平仪器后,光学对中器对准测站点为止。

4) 瞄准

(1) 松开仪器水平制动螺旋和望远镜制动螺旋,将望远镜对向明亮背景,转动目镜调焦螺旋,使十字丝最为清晰。

(2) 用望远镜上方的粗瞄准器对准目标,然后拧紧水平制动螺旋和望远镜制动螺旋。

(3) 转动物镜调焦螺旋,使目标成像清晰。

(4) 转动水平微动螺旋和望远镜微动螺旋,使十字丝交点对准目标点,并注意消除视差。观测水平角时,将目标影像夹在双竖丝内且与双竖丝对称,或用单竖丝平分目标。观测垂直角时,应使用十字丝中丝与目标顶部,测钎底部相切,如图 2-7-3 所示。

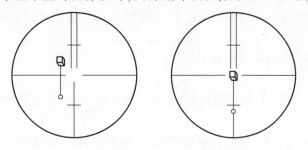

图 2-7-3　瞄准目标

(5) 打开反光镜,并调整其位置,使进光明亮均匀,然后进行读数显微镜调焦,使读数窗分划清晰,并消除视差。

5) 读数

分微尺测微器的读数窗分上半部分和下半部分,上半部分标有"H"字样的是水平度盘分划线及其分微尺的像,下半部分标有"V"字样的是竖直度盘的分划线及其分微尺的像。某些型号的仪器也可能用"水平"表示水平度盘读数窗,用"竖直"表示垂直度盘读数窗。读数方法如下:先读取位于分微尺 0~60 条分划之间的度盘分划线的"度"数,再从分微尺上读取该度盘分划线对应的"分"数,估读至 0.1′。在图 2-7-4 中水平度盘读数为 214°45′00″,垂直度盘读数为 90°30′00″。

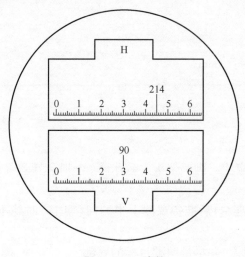

图 2-7-4　读数

3. 角度测量

水平角的测量方法,一般是根据测角的精度要求、仪器以及观测方向的数目而定。工程上常用的方法有测回法和方向观测法。本实验练习测回法测量角度。

测回法适用于观测只有两个方向的单角。这种方法要用盘左和盘右两个为主进行观测。观测时目镜朝向观测者,如果竖盘位于望远镜的左侧,则称为盘左;如果竖盘位于望远镜的右侧,则称为盘右。通常先以盘左位置测角(称为上半测回),再以盘右位置测角(称为下半测回)。两个测回合在一起称为一测回。有时水平角需要观测数测回。之所以上半测回又称为主测回,是因为操作者操作仪器旋钮方便顺手。

具体操作步骤如下:

在实验场地上,选定一点,做好标记,作为测站点。另选择 A、B 两点,在该两点上竖立标杆,作为目标点。

在测站点安置经纬仪,对中后整平。

1) 观测

(1) 盘左瞄准左目标 A,固定照准部,转动度盘变换手轮,使水平度盘读数略大于零,读取水平度盘读数 $a_左$。

(2) 松开水平制动螺旋,顺时针旋转照准部,瞄准右目标 B,读取水平度盘读数 $b_左$。

(3) 倒转望远镜,盘右瞄准右目标 B,读取水平度盘读数 $b_右$。

(4) 逆时针旋转照准部,盘右瞄准左目标 A,读取水平度盘读数 $a_右$。

2) 记录

将观测数据记录在水平角观测记录表(表 2-7-1)中。

3) 计算

上半测回角值为 $\beta_左 = b_左 - a_左$(也可写作 $\beta_上 = b_上 - a_上$);

下半测回角值为 $\beta_右 = b_右 - a_右$(也可写作 $\beta_下 = b_下 - a_下$);

一测回角值为 $\beta = \frac{1}{2}(\beta_左 + \beta_右)$(也可写作 $\beta = \frac{1}{2}(\beta_上 + \beta_下)$)。

一人观测完成后,另一人移动脚架后,重新对中、整平,用以上同样方法观测同一角度,每人观测出一测回角值。

五、技术要求

(1) 垂球对中误差小于 3mm。

(2) 整平误差小于 1 格。

(3) 测回差应小于 24″。

六、注意事项

(1) 经纬仪对中时,应使三脚架架头大致水平,否则会导致经纬仪整平困难。对中时,垂球尖应接近地面点位。

(2) 测完上半测回(盘左)后准备观测下半测回(盘右)时绝不能再拨动度盘变换手轮或复测器。

(3) 观测时要消除视差,并尽量照准目标的底部。

（4）读数应估读到 1/10 分,即观测结果的秒值应是 6 的整倍数。
（5）轴座固定螺旋和中心连接螺旋这两个螺旋一定要旋紧,防止仪器从脚架上摔落。

七、实验报告

每组上交(或每人上交)：
（1）水平角观测记录表(表 2-7-1)。
（2）每人上交实验过程照片：扶尺子的照片、操作仪器的照片、记录数据的照片、全组合影等。

表 2-7-1　水平角观测表

日期_____年____月____日　　天气_____组号_____指导老师_____
仪器型号____仪器编号_____施测路线_____
组长_____记录者_____组员_____

测站	目标	竖盘位置	水平度盘读数/ (° ′ ″)	半侧回角值/ (° ′ ″)	一测回角值/ (° ′ ″)	备注 草图
		左				
		右				
		左				
		右				
		左				
		右				
		左				
		右				
		左				
		右				

闭合差：

实验八　测回法观测水平角

一、实验目的

（1）掌握用测回法观测水平角的观测、记录和计算方法。
（2）进一步熟悉经纬仪的操作。

二、实验计划

（1）实验学时数：2 或 3 学时。
（2）以小组形式进行实验，每个小组可由 4~6 人组成。1 人观测，1 人记录，1 或 2 人扶测钎（或花杆），1 人拍照记录实验过程。轮流操作及记录。
（3）每组在实验场地上选定 4~6 个点，组成多边形，用测回法一个测回观测出多边形内角。
（4）每组在实验场地上选定一个测点，选择两个目标点，每人独立进行对中、整平、瞄准、读数，用测回法观测水平角。

三、实验仪器

每实验小组的实验器材：DJ_6 型光学经纬仪 1 台、测钎或花杆 2~4 根、三脚架 1 个。

四、方法步骤

在实验场地上选定 4~6 个点，组成多边形，各点相距 30~50m，做好标记。以四边形为例，在一对角的两点上竖立标杆，在另一对角的两点上安置经纬仪观测水平角。如一个小组有两台经纬仪，则可两角同时观测；如只有一台经纬仪，则先测一角，再测另一角。

两对角都观测完成后，经纬仪与标杆位置互换，测出另一对角的水平角值。

每角用测回法观测一测回。

4 个内角全部观测完成后，计算角度闭合差 $f_\beta = \beta_1 + \beta_2 + \beta_2 + \beta_4 - 360°$，如角度闭合差小于等于容许闭合差 $f_{\beta容}$，则成果合格，否则需重测。

五、具体步骤案例

如图 2-8-1 所示，将仪器安置在 O 点上，用测回法观测水平角 AOB，具体步骤如下：
（1）盘左位置，松开水平制动螺旋和望远镜制动螺旋，先用望远镜上的准星、照门或粗瞄准器瞄准左边的目标 A，旋紧两制动螺旋进行目镜和物镜对光，使十字丝和目标成像清晰，消除视差；再用水平微动螺旋和望远镜微动螺旋精确瞄准目标的底部，读取水平度盘读数 $a_左$（0°01′12″）、$b_左$（57°18′48″），计入手簿，如表 2-8-1 所列。

上半测回所测角值为 $\beta_左 = b_左 - a_左 = 57°18′48″ - 0°01′12″ = 57°17′36″$

（2）倒镜成为盘右位置，先瞄准右边的目标 B，读取水平度盘读数 $b_右$（237°18′54″），记入手簿；再瞄准左边的目标 A，读取读数 $a_右$（180°01′06″），记入手簿，如表 2-8-1 所列。

下半测回所测角值为 $\beta_右 = b_右 - a_右 = 237°18′54″ - 180°01′06″ = 57°17′48″$

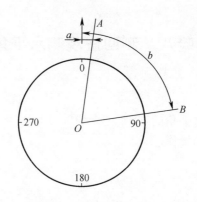

图 2-8-1 测回法观测水平角

表 2-8-1 测回法观测记录手簿

日期_____年____月____日 天气_____ 组号_____ 指导老师_____
仪器型号_____仪器编号_____ 施测路线_____
组长_____ 记录者_____ 组员_____

测站	盘位	目标	水平度盘读数/ (° ′ ″)	半个测回角值/ (° ′ ″)	一个测回角值/ (° ′ ″)	备注草图
O	左	A	0 01 12	57 17 36	57 17 42	
		B	57 18 48			
	右	A	180 01 06	57 17 48		
		B	237 18 54			

DJ_6 型光学经纬仪盘左、盘右两个"半测回"角值之差不超过 40″时,取其平均值,即一测回角值:$\beta = \frac{1}{2}(\beta_左 + \beta_右) = 57°17′42″$。

六、技术要求

(1) 半测回差应小于 40″。
(2) 角度容许闭合差 $f_{\beta容} = \pm 60″\sqrt{n}$,$n$ 为测站数。

七、注意事项

(1) 用垂球对中时,高度适当,架头大致整平,对中误差不超过 3mm。
(2) 观测过程中,照准部水准管气泡偏离中心不超过 1 格;否则,重新整平,并重测该测回。
(3) 竖立标杆时要从两个互相垂直的方向目测标杆是否竖直。
(4) 观测时要消除视差,并尽量照准目标的底部。
(5) 每角度度盘起始位置都从 0°开始(可比 0°00′00″稍大 1′~2′)。
(6) 读数与记录有呼有应,有错即纠。纠错的原则"只能划改,不能涂改"。最后的读数值应化为度、分、秒的单位。

(7) 由于水平度盘注记是顺时针方向增加的,因此在计算角值时,无论是盘左还是盘右,均应用右边目标的读数减去左边目标的读数,如果不够减,则应加上 360°再减。

(8) 当观测几个测回时,为了减少度盘分划误差的影响,各测回应根据测回数 n,按 $\dfrac{180°}{n}$ 变换水平度盘位置。例如:观测 3 个测回,$\dfrac{180°}{3}=60°$,第一测回盘左时起始方向的读数应配置在 0°稍大些。第二测回盘左时起始方向的读数应配置在 60°左右。第三测回盘左时起始方向的读数应配置在 60°+60°=120°左右。

(9) DJ$_6$ 级光学经纬仪盘左、盘右两个"半测回"角值不超过 40″时,取其平均值,即一测回角值:$\beta = \dfrac{1}{2}(\beta_左 + \beta_右)$。

八、实验报告

每组上交(或每人上交):
(1) 水平角观测记录表(表 2-8-2)。
(2) 每人上交实验过程照片:扶尺子的照片、操作仪器的照片、记录数据的照片、全组合影等。

九、练习题

(1) 什么是水平角?经纬仪为什么能测出水平角?
(2) 经纬仪有哪些主要轴线?它们之间应满足什么条件?为什么必须满足这些条件?
(3) 用盘左、盘右观测水平角,能消除＿＿＿＿＿、＿＿＿＿＿、＿＿＿＿＿3 项误差。
(4) 观测水平角时,应尽量照准标杆底部的目的是(　　)。
A. 减少目标偏心差
B. 减少照准误差
C. 减少视准轴误差
(5) 将某经纬仪置于盘左,当视线水平时,竖盘读数为 90°;当望远镜逐渐上仰,竖盘读数在减少。试写出该仪器的竖直角计算公式。

表 2-8-2 水平角观测记录表

日期_____年____月____日 天气_____组号_____指导老师_____
仪器型号____仪器编号_____施测路线_____
组长_____记录者_____组员_____

测站	目标	竖盘位置	水平度盘读数/(° ′ ″)	半侧回角值/(° ′ ″)	一测回角值/(° ′ ″)	备注草图
		左				
		右				
		左				
		右				
		左				
		右				
		左				
		右				
		左				
		右				

闭合差：

实验九　全圆方向法观测水平角

一、实验目的

(1) 掌握全圆方向法观测水平角的观测、记录及计算方法。
(2) 掌握不同测回水平角观测的度盘起始位置的设置方法。
(3) 进一步掌握水平角观测原理。
(4) 熟练掌握归零、归零差、归零方向值、2C 值的概念以及各项限差的规定。

二、实验计划

(1) 实验学时数:2 或 3 学时。
(2) 以小组形式进行实验,每个小组可由 4~6 人组成。1 人观测,1 人记录,1 或 2 人扶测钎(或花杆),1 人拍照记录实验过程。轮流操作及记录。
(3) 每组在实验场地上选定 4~6 个点,全圆方向观测法观测 4 个方向的水平角一测回。
(4) 每组在实验场地上选定一个测点,选择 4 个方向目标点,每人独立进行对中、整平、瞄准、读数,用全圆方向观测法观测水平角。

三、实验仪器

每实验小组的实验器材:DJ_6 型光学经纬仪 1 台、测钎或花杆 2~4 根、三脚架 1 个。

四、操作说明

方向观测法是以两个以上的方向为一组,从初始方向开始,依次进行水平方向观测,正镜半测回和倒镜半测回,照准各方向目标并读数的方法,如图 2-9-1 所示。

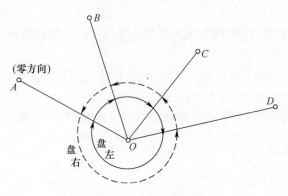

图 2-9-1　方向观测法

在开阔地面上先选定某点 O 为测站点,用钢钎或者记号笔标定 O 点位置。然后在场地四周任选 4 个目标点 A、B、C 和 D(距离 O 点约 10~20m),分别用钢钎或者记号笔标定各目标点。

1. 度盘起始位置的设置

为了提高测量精度,往往需对某角度观测多个测回。为了减少度盘的刻划误差,各测回起始方向的度盘读数应均匀变换,应根据测回数 $n(1,2,\cdots,n)$,以 $\dfrac{180°}{n}$ 的差值,安置水平度盘读数。显然,无论 n 为多少,第一个测回预定值总是 $0°$。若 $n=2$,则第二个测回的预定值为 $90°$。

2. 观测

(1) 将经纬仪安置于测站点 O,对中、整平。

(2) 选择视线条件好,成像清晰、稳定的目标点作为零方向。这里假设选择 A 点为零方向。

(3) 盘左,瞄准起始方向 A,并使水平度盘起始位置读数略大于零,读数并记录;顺时针转动照准部,依次瞄准部 B、C、D、A,得读数 b_1、c_1、d_1、a_1,再转回至起始方向 A,得读数 a_i,分别读取水平度盘读数并记录,检查归零差是否超限。

(4) 盘右,逆时针方向依次瞄准 D、C、B、A 得到读数并记录,检查归零差是否超限。

3. 记录

依次将各观测数据记录在全圆方向法观测记录表(表 2-9-1)中。

4. 计算

(1) 两倍视准轴误差 $2C$ 的计算。

设同一方向盘左读数为 L,盘右读数为 R,则

$$2C = L - (R \pm 180°)$$

(2) 平均读数的计算。

取每一方向盘左读数与盘右读数 $\pm180°$ 的平均值,作为该方向的平均读数,即

$$平均读数 = \frac{1}{2}[L + (R \pm 180°)]$$

由于归零,起始方向有两个平均读数,应再取其平均值,作为起始方向的平均读数。

(3) 归零方向值的计算。

将零方向的平均读数化为 $0°00'00''$,而其他各目标的平均读数减去零方向的平均读数,得到各方向的归零方向值,即

$$归零方向值 = 平均读数 - 起始方向平均读数$$

(4) 各测回平均方向值的计算。

将各测回同一方向的归零方向值相加并除以测回数,可得该方向各测回平均方向值。

五、实验技术要求

(1) 半测回归零差应小于 $18''$。

(2) 同一方向各测回互差应小于 $24''$。

(3) $2C$ 的互差不超过 $\pm20''$。

六、注意事项

(1) 应选择远近适中、易于瞄准成像清晰的目标作为起始方向(零方向)。

(2) 每个人应独立观测一个测回,测回间应变换水平度盘起始位置。
(3) 各自观测时应照准目标的相同部位。
(4) 各个测回中,水平度盘起始位置设定后,不得碰动度盘变换手轮。
(5) 如果方向数只有 3 个时可以不归零。

七、实验报告

每组上交(或每人上交):
(1) 全圆方向法观测记录表(表 2-9-1)。
(2) 每人上交实验过程照片:扶尺子的照片、操作仪器的照片、记录数据的照片、全组合影等。

表 2-9-1　全圆方向法观测水平角记录表

日期_____年____月____日　天气_____组号_____指导老师_____
仪器型号____仪器编号_____施测路线_____
组长_____记录者_____组员_____

测站	测回	目标	水平度盘读数		2C/ ('')	平均读数/ (° ′ ″)	归零方向值/ (° ′ ″)	各测回归零方向值的平均值/ (° ′ ″)	角值/ (° ′ ″)
			盘左/ (° ′ ″)	盘右/ (° ′ ″)					

实验十　竖直角观测

一、实验目的

（1）熟悉经纬仪竖直度盘的构造。
（2）掌握竖直角的观测、记录、计算方法。

二、实验计划

（1）实验学时数：2 学时。
（2）每实验小组由 4 人组成。1 人观测，1 人记录计算，1 或 2 人扶测钎（或花杆），1 人拍照记录实验过程。轮流操作及记录。
（3）1 人观测完成后，其他人依次轮流观测，可选择不同目标。每人观测 2 个竖直角，每角观测 2 个测回。

三、实验仪器

每实验小组的实验器材：DJ_6 型光学经纬仪 1 台、测钎或花杆 2~4 根、三脚架 1 个。

四、方法步骤

1. 竖直度盘的构造

经纬仪上的竖直度盘安装在横轴的一端，其刻划中心与横轴的旋转中心重合，竖直度盘的刻划面与横轴垂直。图 2-10-1 是 DJ_6 型光学经纬仪的竖直度盘结构示意图。它的主要部件包括竖直度盘、竖直度盘指标（读数窗内的零分划线）、竖直度盘指标水准管和竖直度盘指标水准管微动螺旋。

当望远镜在竖直面内上下转动时，竖直度盘也随之转动，而用来读取竖直度盘读数的指标，并不随望远镜转动，因此可以读出不同的竖直度盘读数。

竖直度盘指标与竖直度盘指标水准管连接在一个微动架上，转动竖直度盘指标水准管微动螺旋，可以改变竖直度盘分划线影像与指标线之间的相对位置。在观测竖直角时，每次读取竖直度盘读数之前，都应先调节竖直度盘指标水准管的微动螺旋，使竖直度盘指标水准管气泡居中。

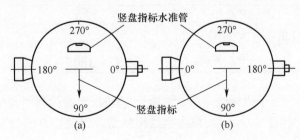

图 2-10-1　竖直度盘结构示意图

2. 竖直角的观测、记录、计算

在实验场地上选定一点,作为测站点,安置经纬仪,测量仪器高并对中、整平。选择远处一明显标志点作为目标。

1) 观测

盘左用经纬仪横丝瞄准目标,使竖直水准管气泡居中,得读数 L。盘右瞄准目标,竖直水准管气泡居中后,得读数 R。

2) 记录

将盘左读数 L 及盘右读数 R 记录在竖直角观测记录表(表2-10-1)中。

3) 计算

竖直度盘的注记形式很多,常见的为全圆式注记。注记方向分为顺时针和逆时针两种,因此竖直角的计算公式不同。

(1) 顺时针注记形式。图2-10-2所示为顺时针注记竖盘。盘左时,视线水平的读数为00°,当望远镜逐渐抬高(仰角),竖盘读数在减少,因此竖直角计算公式为

$$\begin{cases} 盘左观测的竖直角: \alpha_左 = 90° - L \\ 盘右观测的竖直角: \alpha_右 = R - 270° \end{cases}$$

式中:L,R 分别为盘左、盘右瞄准目标的竖盘读数。

一测回的竖直角值:$\alpha = \dfrac{\alpha_左 + \alpha_右}{2}$ 或 $\alpha = \dfrac{R - L - 180°}{2}$

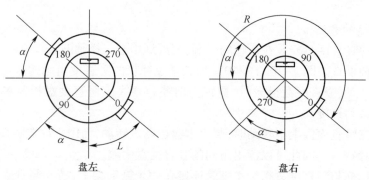

图2-10-2 顺时针注记竖盘形式

(2) 逆时针注记形式。图2-10-3所示为逆时针注记竖盘。仿照顺时针注记的推求方法,可得其竖直角计算公式为

$$\begin{cases} 盘左观测的竖直角: \alpha_左 = L - 90° \\ 盘右观测的竖直角: \alpha_右 = 270° - R \\ 一测回的竖直角值: \alpha = \dfrac{\alpha_左 + \alpha_右}{2} \text{ 或 } \alpha = \dfrac{R - L + 180°}{2} \end{cases}$$

(3) 竖盘指标差。由于指标线偏移,当视线水平时,竖盘读数不是恰好等于90°或270°上,而是与90°或270°相差一个 x 角,称为竖盘指标差。当偏移方向与竖盘注记增加方向一致时,x 为正,反之为负。

竖盘指标差计算公式:$x = \dfrac{1}{2}(L + R - 360°)$

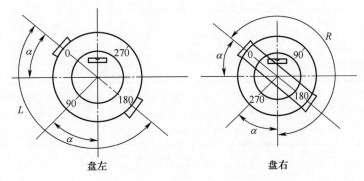

图 2-10-3　逆时针注记竖盘形式

五、技术要求

(1) 用 DJ_6 型光学经纬仪测量时各测回指标差互差应小于 25″。
(2) 竖直角测回差应小于 25″。

六、注意事项

(1) 盘左、盘右瞄准时,应用横丝对准目标同一位置。
(2) 每次读数前,应使竖直水准管气泡居中。
(3) 计算竖直角及指标差时,应注意正、负号。

七、实验报告

每组上交(或每人上交:测量数据一样,各位同学独立进行计算分析):
(1) 竖直角观测记录表(表 2-10-1)。
(2) 每人上交实验过程照片:扶尺子的照片、操作仪器的照片、记录数据的照片、全组合影等。

八、练习题

(1) 指标差是( )。
A. 仪器本身的误差　　　B. 观测误差　　　C. 对水平角有影响的误差
(2) 盘左、盘右计算竖直角的公式分别为＿＿＿＿＿＿、＿＿＿＿＿＿。

表 2-10-1　竖直角观测记录表

日期_____年____月____日　天气_____组号_____指导老师_____
仪器型号____仪器编号_____施测路线_____
组长_____记录者_____组员_____

测 站	目标	竖盘位置	竖盘读数/ (° ′ ″)	半测回竖直角/ (° ′ ″)	指标差 ″	一测回竖直角/ (° ′ ″)	备　注
		左					
		右					
		左					
		右					
		左					
		右					
		左					
		右					
		左					
		右					
		左					
		右					
		左					
		右					
		左					
		右					
		左					
		右					

实验十一　经纬仪的检验与校正

一、实验目的

（1）掌握经纬仪的主要轴线及它们之间应满足的条件。
（2）熟悉 DJ_6 型光学经纬仪的检验与校正方法。

二、实验计划

（1）实验学时数：2 学时。
（2）每实验小组由 4 人组成。
（3）每组完成 1 或 2 台 DJ_6 型光学经纬仪的检验与校正工作。

三、实验仪器

每实验小组的实验器材：DJ_6 型光学经纬仪 1 或 2 台，校正针 1 或 2 根，小螺丝刀 1 或 2 把。

四、方法步骤

1. 一般检查

安置仪器后，首先检查以下几方面：三脚架是否牢固，仪器外表有无损伤，仪器转动是否灵活，螺旋是否有效，光学系统是否清晰、有无霉点等。

2. 照准部水准管轴的检验与校正

（1）检校目的：使照准部水准管轴垂直于仪器竖轴。
（2）检验方法：先将仪器大致整平，然后转动照准部使水准管平行于一对脚螺旋的连线，调节这一对脚螺旋使水准管气泡居中。将照准部旋转 180°，如果水准管气泡仍居中，则说明水准管轴垂直于仪器竖轴，否则，必须进行校正，如图 2-11-1 所示。
（3）校正方法：先用双手相对地旋转与水准管平行的一对脚螺旋，使气泡退回偏离值的一半，此时仪器竖轴处于铅垂位置；再用校正针拨动水准管一端的校正螺丝，使水准管气泡居中。此项检验与校正应反复进行。

3. 望远镜十字丝的检验与校正

（1）检校目的：使十字丝竖丝在仪器整平后处于铅垂位置。
（2）检验方法：架设好仪器并整平，用望远镜十字丝交点瞄准远处一个明显标志点 P，转动望远镜微动螺旋，观察目标点。如 P 点始终沿着纵丝上下移动没有偏离十字丝竖丝，则说明十字丝位置正确，如图 2-11-2 所示。如果 P 点偏离十字丝竖丝，则说明十字丝竖丝不铅直，须进行校正。
（3）校正方法：卸下目镜处的外罩，松开 4 颗十字丝固定螺丝，转动整个十字丝环，直到 P 点与十字丝竖丝严密重合，然后对称地、逐步地拧紧 4 颗十字丝固定螺丝，如图 2-11-3 所示。

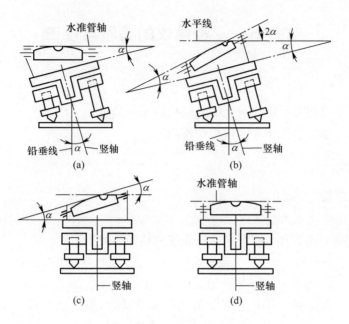

图 2-11-1　照准部水准管轴垂直于仪器竖轴的检验与校正

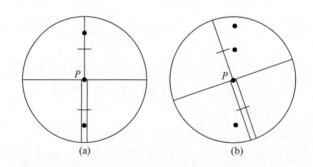

图 2-11-2　十字丝竖丝在仪器整平后处于铅垂位置的检验

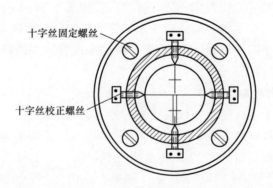

图 2-11-3　十字丝竖丝在仪器整平后处于铅垂位置的校正

4. 视准轴的检验与校正

（1）检校目的：使望远镜的视准轴垂直于横轴（四分之一法）。

（2）检验方法：安置好仪器后，先用盘左位置使望远镜照准一个与仪器大致同高的目标,读得水平度盘度数 a_1;然后用盘右位置在照准该目标,得水平度盘度数 a_2,视准轴误差 $c = \frac{1}{2}[a_1 - (a_2 \pm 180°)]$。若 $c \leqslant \pm 60''$,则满足条件,否则需要校正,如图 2-11-4 所示。

(3) 校正方法:旋转照准部微动螺旋,使盘右时的水平度盘为 $a' = \frac{1}{2}(a_1 + a_2 \pm 180°)$。此时,十字丝交点一定偏离目标,校正时拨动十字丝分化板的校正螺丝,使之一松一紧,直到十字丝交点对准上述目标为止。

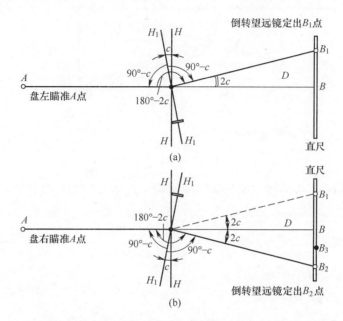

图 2-11-4 望远镜的视准轴垂直于横轴的检验(四分之一法)

5. 横轴垂直于竖轴的检验与校正

(1) 检校目的:使横轴垂直于仪器竖轴。

(2) 检验方法:在距建筑物 10~20m 处安置仪器,在建筑物上选择一点 M,使视线仰角大于 30°。先由盘左照准 M 点并将视线放到大致水平,在墙上标出 A 点;然后用盘左仍照准 M 点,同样将视线放至水平,在墙上标出 B 点,若 A 与 B 不重合,则需要校正,如图 2-11-5 所示。

(3) 校正方法:先将望远镜瞄准 A 和 B 的中点 m,然后抬高望远镜在 M 点附近得 M',拨动横轴校正螺丝,使十字丝交点由 M' 移至 M 点即可。此项校正一般由专业修理人员进行。

6. 垂直度盘指标差的检验与校正

(1) 检校目的:消除垂直度盘指标差。

(2) 检验方法:仪器整平后,盘左、盘右分别用横丝瞄准高处一个目标,在垂直度盘指标水准管气泡居中时读取盘左读数 L 和盘右读数 R。根据指标差计算公式计算出指标差 x,如果指标差在 $\pm 60''$ 之内,则不必校正;如果超出限差要求,则须进行校正。

(3) 校正方法:原盘右照准目标不动,调节垂直度盘水准管微动螺旋,使垂直度盘读数为 $R' = R + x$。此时,垂直度盘指标水准器气泡偏离中心位置,拧下指标水准器校正螺丝护

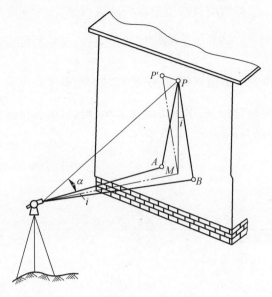

图 2-11-5　横轴垂直于仪器竖轴检验与校正

盖,用校正针调整上、下两颗校正螺丝使气泡居中。此项检校需反复进行,直至指标差符合限差要求为止。

五、技术要求

(1) 视准轴误差应小于 60″。
(2) 指标差应小于 60″。

六、注意事项

(1) 各检验与校正项目应按本实验方法步骤的顺序进行,不可任意颠倒顺序。
(2) 校正时,校正螺丝一律先松后紧、一松一紧,用力不宜过大,校正完毕时,校正螺丝不能松动,应处于稍紧状态。
(3) 检验与校正要反复进行,直至符合要求为止。实验时,每项检验至少进行两次。

七、实验报告

每组上交(或每人上交):
(1) 经纬仪检验与校正记录表(表 2-11-1)。
(2) 每人上交实验过程照片:扶尺子的照片、操作仪器的照片、记录数据的照片、全组合影等。

表 2-11-1 经纬仪检验与校正记录表

日期_____年_____月_____日　天气_____组号_____指导老师_____

仪器型号____仪器编号_____施测路线_____

组长_____记录者_____组员_____

(1)一般检查		
	仪器外表有无损伤,脚架是否牢固	
	仪器转动是否灵活,螺旋是否有效	
	光学系统有无霉点	

(2)水准管轴垂直于竖轴	
检验次数	
气泡偏离格数	

(3)十字丝竖丝垂直于横轴	
检验次数	误差是否显著

(4)视准轴垂直于横轴

	目标	水平度盘读数		目标	水平度盘读数
第一次检验		a_1（盘左）=	第二次检验		a_1（盘左）=
		a_2（盘右）=			a_2（盘右）=
		$c = [a_1 - (a_2 \pm 180°)]/2 =$			$c = [a_1 - (a_2 \pm 180°)]/2 =$
		$a = [a_1 + (a_2 \pm 180°)]/2 =$			$a = [a_1 + (a_2 \pm 180°)]/2 =$

(5)横轴垂直于竖轴

检验次数	A 和 B 两点间的距离	备注

(6)竖盘指标差的检验与校正

检验次数	目标	竖盘位置	竖盘读数/(° ′ ″)	指标差/(′ ″)	盘右正确竖盘读数/(° ′ ″)	备注

实验十二　DJ$_2$型光学经纬仪的认识和使用

一、实验目的

(1) 了解 DJ$_2$ 型光学经纬仪的基本构造及性能,认识其主要部件的名称和作用。
(2) 掌握 DJ$_2$ 型光学经纬仪的对中、整平、瞄准和读数方法。
(3) 学会用经纬仪观测水平角的方法、步骤、记录、计算和校核。

二、实验计划

(1) 实验学时数:2 学时。
(2) 以小组形式进行实验,每个小组可由 4~6 人组成。1 人观测,1 人记录,1 或 2 人扶测钎(或花杆),1 人拍照记录实验过程。
(3) 小组成员轮流操作,从全方面熟悉实验。
(4) 每组在实验场地上选定一个测点,选择两个目标点,每人独立进行对中、整平、瞄准、读数,用测回法观测水平角。

三、实验仪器

DJ$_2$ 型光学经纬仪 1 台、测钎或花杆 2~4 根、三脚架 1 个。

四、方法步骤

1. DJ$_2$ 型光学经纬仪的认识

经纬仪的主要功能就是测定(或放样)水平角和竖直角。另外,在经纬仪上都安置有测距的装置(如视距丝)用于距离测量。

本实验主要介绍 DJ$_2$ 型光学经纬仪。DJ$_2$ 型光学经纬仪用于三、四等三角测量、精密导线测量以及精密工程测量,其中"D""J"分别为大地测量、经纬仪的汉语拼音首字母,后面的数字 2 表示该种类型的经纬仪一测回方向的观测中误差为 2″。

DJ$_2$ 型光学经纬仪在结构和外观上与 DJ$_6$ 型光学经纬仪基本类似,使用方法也基本相同。其根本区别在于精度高。

2. DJ$_2$ 型光学经纬仪的使用

1) 对中

DJ$_2$ 型光学经纬仪一般使用光学对中器对中,光学对中应与仪器整平同时进行。操作过程见 DJ$_6$ 型光学经纬仪的使用(实验七)。

2) 整平

整平的目的是使仪器的竖轴竖直,水平度盘处于水平位置。操作过程见 DJ$_6$ 型光学经纬仪的使用(实验七)。

3) 瞄准

DJ$_2$ 型光学经纬仪的瞄准方法与 DJ$_6$ 型光学经纬仪相同(实验七)。

4) 读数

DJ$_2$ 型光学经纬仪与 DJ$_6$ 型光学经纬仪的区别主要是读数设备及读数方法。DJ$_2$ 型光学经纬仪一般均采用对径分划线影像符合读数装置。采用符合读数装置，可以消除照准部偏心的影响，提高读数精度。

DJ$_2$ 型光学经纬仪的读数特点：一是使用测微轮读数；二是使用换像手轮。测微器的最小刻线为 $1''$，可估读 $0.1''$。换像手轮可使读数窗显示水平度盘读数刻度或者竖直度盘读数刻度。

符合读数装置是在度盘对径两端分划线的光路中各安装一个固定光楔和一个移动光楔，移动光楔与测微尺相连。入射的光线通过一系列的光学镜片，将度盘直径两端分划线的影像同时显现在读数显微镜中。在读数显微镜中所看到的对径分划线的像位于同一平面上，并被一横线隔开形成正像与倒像，如图 2-12-1(a) 所示。若按指标线读数（实际上并无指标线），则正像为 $30°20'+a$，倒像为 $210°20'+b$，平均读数为 $30°20'+(a+b)/2$。转动测微轮，使上下相邻两分划线重合（对齐），如图 2-12-1(b) 所示，分微尺上读数即为 $(a+b)/2$。

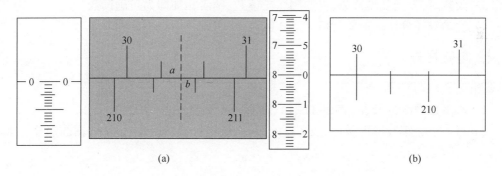

图 2-12-1 DJ$_2$ 型光学经纬仪读数窗

图 2-12-2 为读数显微镜中见到的情况。

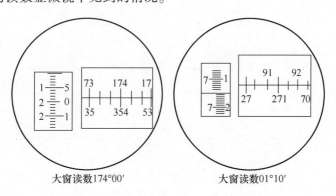

图 2-12-2 DJ$_2$ 型光学经纬仪读数窗

读数规则可归纳如下：

(1) 转动测微轮，在读数显微镜中可以看到度盘对径分划线的影像（正像与倒像）在相对移动，直至精确重合为止。

(2) 按正像注记读取度数，读取的度数应具备的条件：顺着正像注记增加方向最近处能够找到与刻度数相差180°的倒像注记。

(3) 正像读取的度数分划与倒像相差180°的分划线之间的格数乘以10′,即整10′数。

(4) 在测微尺上按指标线读取不足10′的分数和秒数。

五、水平角观测

选择两个目标,设置小标杆,用测回法测出水平角。每人观测1个测回,一人观测完成后,另外一人依次观测。各测回的水平度盘起始位置为$\frac{180°}{n}(i-1)$,其中:n为测回数,i为第i测回。

六、注意事项

(1) 用光学对中时,对中与整平应同时进行。

(2) 换像手轮位置一定要正确,不应将水平角读数与竖直角读数弄错。

(3) 读数时,先读度盘读数,再读测微轮读数,两者相加即为正确读数。

(4) 度盘对径分划一定要严格对齐才能读数,否则数据将不准确。

七、实验报告

每组上交(或每人上交):

(1) 水平角观测记录表(表2-12-1)、竖直角观测记录表(表2-12-2)。

(2) 每人上交实验过程照片:扶测钎的照片、操作仪器的照片、记录数据的照片、全组合影等。

表 2-12-1 水平角观测记录表

日期_____年____月____日　天气_____　组号_____　指导老师_____
仪器型号_____仪器编号_____　施测路线_____
组长_____　记录者_____　组员_____

测站	目标	竖盘位置	水平度盘读数/ (° ′ ″)	半测回角值/ (° ′ ″)	一测回角值/ (° ′ ″)	备注 草图
		左				
		右				
		左				
		右				
		左				
		右				
		左				
		右				
		左				
		右				
计算检核						

表 2-12-2　竖直角观测记录表

日期_____年____月____日　天气_____组号_____指导老师_____

仪器型号____仪器编号_____施测路线_____

组长_____记录者_____组员_____

测站	目标	竖直度盘位置	竖直度盘读数/ (° ′ ″)	半测回竖直角/ (° ′ ″)	指标差/ (″)	一测回竖直角/ (° ′ ″)	备注

实验十三　电子经纬仪的认识与使用

一、实验目的

(1) 了解电子经纬仪(或全站型电子速测仪)的基本构造及性能,认识其主要部件的名称和作用。

(2) 掌握电子经纬仪(或全站型电子速测仪)的对中、整平、瞄准和读数方法。

(3) 学会用电子经纬仪(或全站型电子速测仪)观测水平角的方法、步骤、记录、计算和校核。

二、实验计划

(1) 实验学时数:2学时。

(2) 以小组形式进行实验,每个小组可由4~6人组成。1人观测,1人记录,1或2人扶测钎(或花杆),1人拍照记录实验过程。

(3) 小组成员轮流操作,全方位熟悉实验。

(4) 每组在实验场地上选定一个测点,选择两个目标点,每人独立进行对中、整平、瞄准、读数,用测回法观测水平角。

三、实验仪器

电子经纬仪(或全站型电子速测仪)1台、测钎或花杆2~4根(或棱镜2个+棱镜三脚架2个)、仪器三脚架1个。

四、方法步骤

1. 电子经纬仪认识

近几年出现的电子经纬仪和全站型电子速测仪等,采用的是电子测角方法,优点是可以将角度值变为电信号直接为电子部件所识别,存入存储器,并输入计算机做进一步计算处理。

电子经纬仪是集光、机、电、计算为一体的自动化、高精度的光学仪器,是在光学经纬仪的电子化智能化基础上,采用了电子细分、控制处理技术和滤波技术,实现测量读数的智能化。可广泛应用于国家和城市的三、四等三角控制测量,用于铁路、公路、桥梁、水利、矿山等方面的工程测量,也可用于建筑、大型设备的安装,应用于地籍测量、地形测量和多种工程测量。在结构及外观上和光学经纬仪基本类似,使用方法与光学经纬仪也基本相同,如图2-13-1。电子经纬仪与光学经纬仪的根本区别在于读数系统,用电子测角系统代替光学读数系统,能自动显示测量数据。它采用光电扫描和电子元件进行自动读数和液晶显示。

电子测角虽然采用度盘进行读数取值,但不是按度盘上的刻度划,不用光学读数法读取角度值,而是先从度盘上取得电信号,再将电信号转换成方向值。

在测量中,不需配置度盘和测微器位置,从而提高了测角精度。精测数据经由微型计算机处理器进行处理后,即得角度值,然后自动显示。

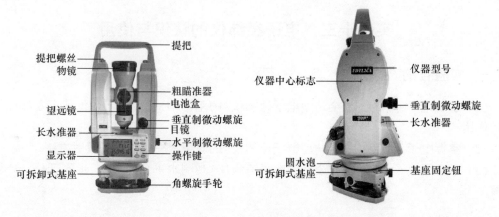

图 2-13-1　T-2000 型电子经纬仪

2. 电子经纬仪认识使用步骤

（1）在实验场地上选择一点 O，作为测站，另选两点 A、B，在 A、B 上竖立标杆。

（2）将电子经纬仪安置于 O 点，对中、整平。

（3）打开电源开关，进行自检，纵转望远镜，设置垂直度盘指标。

（4）盘左瞄准左目标 A，设置零键，使水平度盘读数显示为 0°00′00″；顺时针旋转照准部，瞄准右目标 B，读取显示读数，记入表 2-13-1 或电子存储卡中。

（5）按照上面同样的方法进行盘右观测。

（6）如要测竖直角，则可在读取水平度盘读数时同时读取竖盘的显示读数。

五、技术要求

（1）采用光学对中，对中误差应小于 1mm。

（2）整平误差应小于 1 格。

（3）对同一角度的各次观测，测回差应小于 24″。

六、注意事项

（1）装卸电池时，必须关闭电源开关。

（2）观测前，应先进行有关初始设置。

（3）搬站时，应先关机。

七、实验报告

每组上交（或每人上交）：

（1）水平角观测记录表（表 2-13-1）、竖直角观测记录表（表 2-12-2）。

（2）每人上交实验过程照片：扶测钎的照片、操作仪器的照片、记录数据的照片、全组合影等，每位同学各个环节照片上交 4 张以上照片。

表 2-13-1 水平角观测记录表

日期_____年____月____日　天气_____组号_____指导老师_____
仪器型号_____仪器编号_____施测路线_____
组长_____记录者_____组员_____

测站	目标	竖盘位置	水平度盘读数/ (° ′ ″)	半测回角值/ (° ′ ″)	一测回角值/ (° ′ ″)	备注 草图
		左				
		右				
		左				
		右				
		左				
		右				
		左				
		右				
		左				
		右				
计算检核						

实验十四　钢尺量距和罗盘仪的使用

一、实验目的

（1）掌握钢尺量距的一般方法。
（2）掌握距离测量的误差来源及注意事项。
（3）掌握直线定向。
（4）了解罗盘仪的构造，掌握罗盘仪测定磁方位角的方法。

二、实验计划

（1）实验学时数：2学时。
（2）实验以小组为单位进行，每实验小组4~6人。

三、实验仪器

每实验小组实验器材：钢尺1把、标杆3根、标杆架2个、测钎5根、铅锤2个、罗盘仪1个。

四、方法步骤

钢尺量距的基本要求是"直、平、准"。"直"是指量两点间的直线长度，要求定线直；"平"是指量出两点间的水平距离，要求尺身水平；"准"是指对点、投点、读数要准确。

罗盘仪是利用磁针测定直线磁方位角的仪器，通常用于独立测区的近似定向，以及线路和森林的勘测定向。其主要由望远镜、刻度盘、磁针和基座组成。

1. 直线定线

按精度要求的不同，直线定线有目估定线和经纬仪定线两种方法。本次实验使用目估定线（有条件的也可以使用水准仪、经纬仪等仪器定线）。在实验场地上选定相距100m左右的A、B两点，如图2-14-1所示。A、B两点为地面上互相通视的两点，在A、B两点间的直线上定出C、D等分段点。定线工作可由甲、乙两人进行。

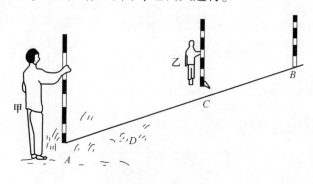

图2-14-1　直线定线

直线定线的具体步骤如下:
(1) 定线时,先在 A、B 两点上竖立测杆,甲立于 A 点测杆后面约 $1\sim2m$ 处,用眼睛在 A 点测杆后面瞄准 B 点测杆。
(2) 乙持另一测杆沿 BA 方向走到离 B 点大约尺段长的 C 点附近,按甲指挥手势左右移动测杆,直到测杆位于 AB 直线上为止,插下测杆(或测钎),定出 C 点。
(3) 乙带着测杆走到 D 点处,同法在 AB 直线上竖立测杆(或测钎),定出 D 点,依次类推。

2. 距离测量

钢尺量距一般采用边定线边测量的方法,如图 2-14-2 所示。

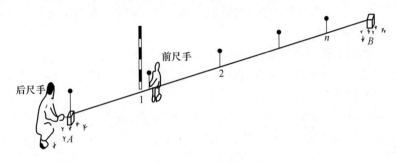

图 2-14-2　距离测量

距离测量的具体步骤,如下:
(1) 量距时,先在 A、B 两点上竖立测杆(或测钎),完成直线定向。
(2) 后尺手持钢尺的零刻度端于 A 点上,前尺手持尺的末端并携带一束测钎,沿 AB 方向前进,至点 1 停下。
(3) 后尺手势指挥前尺手将钢尺拉在 AB 直线方向上,两人同时将钢尺拉紧、拉平、拉稳。前尺手示意,后尺手确保钢尺零刻度端准确对准 A 点后,完成操作示意前尺手。前尺手随即将测钎对准钢尺末端刻度处竖直插入地面(在坚硬地面处,可用记号笔在地面画十字做标记)。完成第一尺段点 A 到点 1 的测量工作。
(4) 用上面同样的方法测量其余尺段。直至最后量出不足整尺长时,可由前尺手在对准 B 点的钢尺上直接读取尾数(余长)。

整尺长度乘以整尺段数,再加上余长为所测距离,即
$$D = nl + q$$
式中:n 为尺段数;l 为钢尺长度;q 为不足一整尺的余长。为防止错误,提高精度,一般还应由 B 点至 A 点进行返测,返测应重新进行定线。如果测量区域高低不平,可抬高钢尺,用铅锤投点。往返测距离之差的绝对值与平均距离之比,即相对误差。如相对误差在容许误差之内,则可取平均值作为测线长度。若超限,则应重测。

3. 误差分析

(1) 尺长误差:钢尺的名义长度与实际长度不符,产生尺长误差。尺长误差具有积累性,与所量距离成正比。精密量距时,钢尺已经检定并在丈量结果中已进行了尺长改正,其误差可忽略不计。
(2) 定线误差:丈量时钢尺偏离定线方向,将导致丈量结果偏大。精密量距时用经纬仪定线,其误差可忽略不计。

(3) 温度改正误差：钢尺的长度随温度变化，丈量时温度与标准温度不一致，或测定的空气温度与钢尺温度相差较大，都会产生温度误差。

(4) 拉力误差：钢尺有弹性，受拉会伸长。一般量距时，保持将钢尺拉平、拉稳、拉直即可。

(5) 尺垂曲与不水平误差：钢尺悬空丈量时中间下垂。故在钢尺检定时，按悬空与水平两种情况分别检定，得出相应的尺长方程式。按实际情况采用相应的尺长方程式进行成果整理，这项误差可以忽略不计。

钢尺不水平的误差可采用加倾斜改正的方法减小至忽略不计。

(6) 测量误差：钢尺端点对不准、测钎插不准、尺子读数等人为因素引起的误差。

4. 罗盘仪测定磁方位角

应用罗盘仪测定直线的磁方位角方法如下：

(1) 在实验场地选择相距 100m 的 A、B 两点。将罗盘仪（图 2-14-3）安置在直线的起点 A 点，进行对中、整平。

(2) 放下磁针，松开坡度计，瞄准直线的另一端 B 点，调节目镜，使十字丝清晰。

(3) 松开磁针制动螺旋，将磁针放下，待磁针静止后，磁针在刻度盘所指读数为该直线 AB 的磁方位角。

同样方法，在 B 点可测出 BA 的磁方位角，即

$$\alpha_{AB} = \alpha_{BA} \pm 180°$$

当正、反磁方位角的互差在限差之内时，可取其平均值作为磁方位角。若超限，则重测。

$$\overline{\alpha_{AB}} = \frac{\alpha_{AB} + \alpha_{BA} \pm 180°}{2}$$

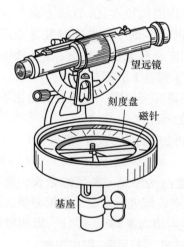

图 2-14-3 罗盘仪

五、技术要求

(1) 在平坦地区，钢尺量距的相对误差 K 一般应小于 1/3000，在测量困难的地形起伏地区，其相对误差 K 一般应小于 1/1000。

(2) 罗盘仪正、反磁方位角互差应小于 2°。

六、注意事项

（1）注意钢尺零刻线及终端刻线的位置，以及米、分米的注记特点以防读错。

（2）钢尺应抬平，拉力应力求均匀。在斜坡或坑洼不平地带，则利用测杆或垂球将尺的端点投点在地面上以直接丈量水平距离。

（3）每一尺段端点的定线要准确，使钢尺在直线内丈量。

（4）导线点勿选在高压线、钢铁构造物、变压器等附近，以避免局部引力。

（5）测钎要插直，若地面坚硬，则可使用记号笔在地面画上记号。

（6）测量时钢尺要拉平，用力均匀。抬高钢尺时，要从侧面观察是否水平。

（7）测量时钢尺不宜全部拉出，因为尺的末端连接处在用力拉时容易断裂，使钢尺损坏。

（8）钢尺用完要擦干净，勿沿地面托擦，勿使其折绕、受压。

（9）罗盘仪定向时，安置地点应避免强磁场干扰及铁器影响。读数应按指北针读。

（10）罗盘仪在每个导线点上对中整平后，不要忘记放松磁钉并轻敲玻璃盖，以防磁针粘在玻璃盖上并注意磁针转动是否灵活。

（11）罗盘仪读数可读至1°。

（12）罗盘仪读数完后应固定磁针。

七、实验报告

每组上交（或每人上交）：

（1）钢尺量距记录表（表2-14-1）、罗盘仪测量记录表（表2-14-2）。

（2）每人上交实验过程照片：扶测钎的照片、操作仪器的照片、记录数据的照片、全组合影等。每位同学各个环节照片上交8张以上照片。

表 2-14-1 钢尺量距记录表

日期_____年____月____日 天气_____组号_____指导老师_____
钢尺号码____尺长_____司尺员_____施测路线_____
组长_____记录者_____组员_____

测线		往测		返测		往—返/m	相对精度 往—返 距离平均值	平均长度/m	备注
起点	终点	尾段数 尾数	D_1/m	尾段数 尾数	D_2/m				

表 2-14-2 罗盘仪测量记录表

日期_____年____月____日 天气_____组号_____指导老师_____
仪器型号____仪器编号_____施测路线_____
组长_____记录者_____组员_____

测线	磁方位角		平均值	备注
	正			
	反			
	正			
	反			
	正			
	反			
	正			
	反			

实验十五 视距测量

一、实验目的

(1) 掌握视距测量的观测方法。
(2) 掌握视距测量的计算方法。
(3) 了解视距测量的误差。

二、实验计划

(1) 实验学时数:2 学时。
(2) 实验以小组为单位进行,每个小组 4~6 人。需 1 人观测,1 人记录,1 人扶尺,互相拍摄实验操作照片,轮流进行。

三、实验仪器

每个小组实验器材:DJ_6 型光学经纬仪(或水准仪)、视距尺(用于水准测量时称水准尺,用于视距测量时称视距尺)、小卷钢尺 1 个。

四、方法步骤

视距测量是利用望远镜内的视距装置配合视距尺,根据几何光学和三角测量原理,同时测定距离和高差的方法。最简单的视距装置是在测量仪器的望远镜十字丝分划板上,刻制上、下对称的两条短线,称为视距丝,如图 2-15-1 所示。

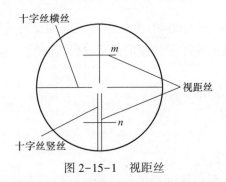

图 2-15-1 视距丝

1. 观测

视距测量主要用于地形测量,测定测站点至地形点的水平距离及高差。其观测步骤如下:

(1) 在测站上安置经纬仪,对中整平,量取仪器高 i,精确到厘米。
(2) 瞄准垂直于测点上的标尺,并读取中丝读数 j 值。
(3) 用上、下视距丝在标尺上读数,将两数相减可得视距间隔 l。
(4) 读取竖盘读数,求出竖直角 α。

2. 记录

将观测数据记录在视距测量记录表2-15-1中。

3. 计算

(1) 水平视距的视距计算公式为

$$D = Kl + C$$

式中:D 为视距长度(m);K 为视距乘常数,一般设计为100;l 为视距间隔,即上、下视距丝在标尺上读数相减所得(m);C 为视距加常数,其很小,可以忽略不计。

因此,该公式可写为

$$D = Kl = 100l$$

(2) 水平视距的高差计算公式为

$$h = i - j$$

式中:i 为仪器高,即测站点至仪器横轴的距离;j 为中丝读数,即十字丝中丝在标尺上的读数。

(3) 视准轴倾斜时的视距计算公式。

当视准轴倾斜时,如尺子仍竖直立着,则视准轴不与尺面垂直,此时水平距离的计算公式为

$$S = Kl\cos^2\alpha$$

式中:S 为视准轴倾斜时的视距长度(m);α 为竖直角。

两点间的高差为

$$h = D\tan\alpha + i - j$$

五、精度要求

(1) 视距测量精度一般为1/200~1/300,精密视距测量可达1/2000。视距测量用一台经纬仪即可同时完成两点间的平距和高差的测量,操作简便。当地形起伏较大时,常用于碎部测量或图根控制网的加密。

(2) 丈量仪器高,可量至5mm。

(3) 竖直角读至整分数。

六、视距测量误差

(1) 视距尺分划误差。视距尺分划误差若系统性地增大或缩小,则对视距测量将产生系统性误差。这个误差在仪器常数检测时将会反映在乘常数K上。视距尺分划误差一般为±0.5mm

(2) 乘常数K值的误差。K值应在100±0.1,否则应该改正。

(3) 视距丝读数误差。

(4) 视距尺倾斜对视距测量的影响。

(5) 外界气象条件对视距测量的影响:

① 大气垂直折光的影响;

② 大气湍流使视距成像不稳定的影响。

七、注意事项

（1）视距测量前,应对经纬仪的指标差进行检验与校正,指标差应控制在 60″ 之内。
（2）立尺时视距尺应竖直。
（3）读取竖盘读数时,竖盘指标水准管气泡应居中。
（4）量取仪器高时,应从地面点量至经纬仪横轴位置。
（5）由于仪器有正像及倒像,计算视距间隔时,应用上、下丝中的较大的数减较小的数,使 l 为正数。

八、实验报告

每组上交(或每人上交):
（1）视距测量记录表(表 2-15-1)。
（2）每人上交实验过程照片:扶尺子的照片、操作仪器的照片、记录数据的照片、全组合影等。每位同学各个环节照片上交 4 张以上照片。

表 2-15-1　视距测量记录表

日期_____年_____月_____日　天气_____组号_____指导老师_____
仪器型号_____仪器编号_____施测路线_____
组长_____记录者_____组员_____
测站_____测站高程(m)_____仪器高(m)_____

点号	下丝读数/mm	上丝读数/mm	视距间隔/m	中丝读数/mm	水平距离/m	高程/m

实验十六　全站仪的认识与使用 I

一、实验目的

(1) 了解全站仪的构造和性能。
(2) 熟悉全站仪的使用方法。

二、实验计划

(1) 实验学时数:2 学时。
(2) 实验以小组为单位进行,每个实验小组 4~6 人。需 1 人操作仪器观测,1 人记录,2 人扶操作棱镜,互相拍摄实验操作照片,轮流进行。
(3) 每个实验小组完成 1 个水平角、2 个边长、2 个高差、2 点坐标的测量。

三、实验仪器

每个实验小组实验器材:全站仪 1 台、全站仪三脚架 1 个、棱镜 2 个、棱镜三脚架 2 个、小卷钢尺 1 个。

四、方法步骤

全站仪,即全站型电子测距仪,是一种集光、机、电于一体的高技术测量仪器,是集水平角、垂直角、距离(斜距、平距)、高差测量功能于一体的测绘仪器系统。与光学经纬仪比较,电子经纬仪将光学度盘换为光电扫描度盘,将人工光学测微读数代之以自动记录和显示读数,使测角操作简单化,且可避免读数误差的产生。因其一次安置仪器就可完成该测站上全部测量工作,所以称为全站仪,广泛用于地上大型建筑和地下隧道施工等精密工程测量或变形监测领域。

全站仪与光学经纬仪区别在于度盘读数及显示系统,光学经纬仪的水平度盘和竖直度盘及其读数装置分别采用(编码盘)或两个相同的光栅度盘和读数传感器进行角度测量的。根据测角精度可把精确等级分为 0.1″、0.2″、0.5″、1″、2″、3″、5″、10″等。

全站仪几乎可以用在所有的测量领域。电子全站仪由电源、测角系统、测距系统、传感系统、数据处理、通信接口、显示屏、键盘等组成,如图 2-16-1 所示。

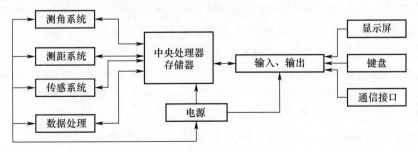

图 2-16-1　全站仪系统的组成

1. 全站仪的结构原理

全站仪本身就是一个带有特殊功能的计算机控制系统,其计算机处理装置由中央处理器、存储器、输入和输出部分组成。中央处理器对获取的倾斜距离、水平角、竖直角、垂直轴倾斜误差、视准轴误差、垂直度盘指标差、棱镜常数、气温、气压等信息加以处理,从而获得各项改正后的观测数据和计算数据。在仪器的只读存储器中固化了测量程序,测量过程由程序完成。

2. 全站仪的操作与使用方法

全站仪具有角度测量、距离(斜距、平距、高差)测量、三维坐标测量、导线测量、交会定点测量和放样测量等多种用途。其内置专用软件后,功能还可进一步拓展。

1) 安置仪器

将三脚架打开,伸到适当高度,脚架置于测站点上,并使脚架头大致水平,拧紧3个脚架固定螺旋,将仪器小心地安置到三脚架上并拧紧固定连接螺旋。

2) 对中

打开电源,打开激光对中开关。若是光学对中器,调节光学对中器望远镜的目镜和物镜固定一个架腿,两手紧握另外两个脚架慢慢转动,使激光束对准测站点,使光学对中器的十字对准地面点,然后放稳脚架,并踩紧压实;也可以旋转任两个脚螺旋,使激光束对准测站点。前者适于用地面平坦、地质条件较好的地区,后者适用于地面起伏较大、地质条件较差的地区。

3) 仪器粗平

调整圆水准器气泡居中以达到仪器的粗平,首先观察圆气泡的状态,气泡所在的反方向偏低。然后,可松开气泡所在的方向的三脚架腿,轻轻下放直到气泡居中,也可松开气泡所在位置的反方向的三脚架腿,轻轻升起直到气泡回归中心。最后,调节其他方向三脚架腿,直到圆水准器气泡居中。

4) 仪器精平

通过调节脚螺旋使留下水准气泡(或是电子气泡)居中,实现仪器的精平。气泡校正全站仪整平以及气泡校正精平仪器的步骤如下:

(1) 使仪器照准部上的管状水准器(或者称为长气泡管)平行于任意一对脚螺旋,旋转两脚螺旋使气泡居中(最好采用左手大拇指法,即左右手同时转动两个脚螺旋,并且两拇指移动方向相向,左手大拇指方向与气泡管气泡移动方向相同);然后将照准部旋转90°,旋转另外一个脚螺旋使长气泡管气泡居中。

(2) 检验。将仪器照准部再一次旋转90°,若长气泡管气泡仍居中,表示已经整平;若有偏差,请重复上面步骤(1),正常情况下重复1或2次就会好了。

(3) 气泡是否有问题的检验,以及校正方法如下:

使仪器照准部上的管状水准器(或者称长气泡管)平行于任意一对脚螺旋,旋转两脚螺旋使气泡居中;然后将照准部旋转180°,此时若气泡仍然居中,则管状水准器轴垂直于竖轴(长气泡管没有问题)。如气泡不居中,就需要校正。

① 按照上面仪器精平的步骤(1),确定偏差量,即气泡偏离中间的差量。

② 用改针调整长气泡管的校正螺钉,使气泡返回偏差量的1/4。若前面的差量无法精确知道,这里可大概改正;然后重复检验步骤(1)。

③ 重复前面步骤,一般重复1或2次即可调好。调好后,按照步骤进行仪器整平。
④ 在长气泡管调整后再确认一下圆气泡,若有偏差,也需调整。

(4) 圆气泡管气泡出现偏差的原因,如下:

① 圆气泡管一般由3个螺钉固定,内部有一个波形弹簧。若3个螺钉受力不均匀,当仪器在车辆运输过程中受颠簸就会引起受力小的螺钉松动,从而引起偏差,或者长时间使用造成螺钉松动。

② 长气泡管一般是一端固定,另外一端可调(校正螺钉)。可调端下面有弹簧,固定端里面应该有凸形内垫圈。无论是生产装配还是维修校正,若在长气泡管调整时没有注意校正螺钉的螺纹间距,使螺钉受力不均衡,在仪器受到大的颠簸后螺钉会稍微旋转,引起气泡偏差。

5) 重新对中

打开激光点(若是光学对中器,观察光学对中器目镜)观察对中是否被破坏。若对中有偏移,则松开中心连接螺旋(为安全起见,无须全部松开,能在架头上移动即可),轻移仪器,将激光点或光学对中器的中心标志对准测站点,然后拧紧连接螺旋。在轻移仪器时不要移动三脚架,也不能碰到脚螺旋,以免造成气泡的偏移,影响整平。

6) 重新精平

检查管水准气泡(或是电子气泡)是否居中。若偏移重新进行精平,直到仪器旋转到任何位置时,管水准气泡始终居中为止,然后拧紧连接螺旋。

7) 检查对中

在粗平、精平结束后,应再次检查对中。若对中超出界限,应重新调整上面步骤,直至对中整平满足要求为止。

五、仪器参数的设置

在仪器使用前必须检查参数设置模块中的参数设置。不同类型的仪器,操作不尽相同,具体参数设置可参考仪器使用说明书。

1. 气象改正

由于实际测量时的气象条件一般同仪器设计的参数气象条件不一致,因此必须对所测距离进行气象改正。在测量中,可以直接将温度、气压输入到仪器中,让仪器进行自动改正。也可将仪器的气象改正项置零,并测定测距时的温度 T、气压 P,计算得

$$\Delta D = D\left(278.96 - \frac{0.2904P}{1 + 0.003661T}\right) \times 10^{-6}$$

式中:D 为仪器所显示的距离;P 为测距时的气压(Pa);T 为测距时的温度(℃)。

2. 加常数

使用不同的棱镜时,应在仪器内设置不同的棱镜常数。为了在距离显示值中消除加常数的影响,应在设置棱镜常数 P 值中考虑加常数的影响。

$$A + P + C$$

式中:A 为置入仪器的加常数值;P 为棱镜加常数;C 为仪器加常数。

3. 补偿器及轴系误差改正功能应处于"开"的状态

前述补偿器及轴系误差改正的作用,除特殊要求外,一般均应将补偿器及轴系误差改正

功能置于"开"状态。检查补偿器是否处于"开"的状态,最简单的办法是将全站仪竖直制动后,调整脚螺旋。若天顶距的读数发生变化,则表明补偿器处于"开"的状态;若天顶距的读数不发生变化,则表明补偿器处于"关"的状态。

检查轴系误差改正功能是否处于"开"的状态,也可采用类似方法,即将全站仪的水平制动螺旋制动后,纵转望远镜。若水平方向读数发生变化,则表明轴系误差改正功能处于"开"的状态;否则,表明轴系误差改正功能处于"关"的状态。

六、基本测量

1. 水平角测量

A 为后视点,B 为前视点,O 为测站点,如图 2-16-2 所示。

(1) 用水平制动钮和微动螺旋精确照准后视点 A。

(2) 在测量模式下,将后视点方向设置成零,如图 2-16-3(a) HAR 处显示的 0°00′00″。

(3) 精确照准前视点。

(4) 如图 2-16-3(b) HAR 处显示的 1 17°32′1″,即两点间的夹角。

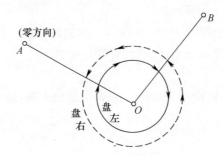

图 2-16-2　全站仪观测水平角

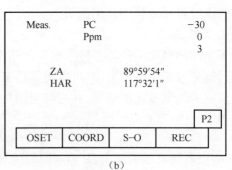

图 2-16-3　全站仪测水平角操作屏幕

2. 距离测量

全站仪可以同时对角度和距离进行测量,并可以记录测量数据。

1) 测量前的检查

在进行距离测量之前必须检查以下几项:

(1) 电池电量是否充足?

(2) 度盘指标是否设置好？

(3) 仪器参数、观测条件是否设置好？

(4) 气象改正数、棱镜常数改正数和测距模式是否设置完毕？

(5) 是否准确照准格中心，返回信号强度适宜测量？

2) 距离类型选择和距离测量

距离测量可以选择不同的模式，包括简单测量和多次测距求平均值。架好仪器后瞄准棱镜，按测距键，此时有关测距信息（距离类型、棱镜常数改正、气象改正数和测距模式）将闪烁显示在显示窗上。测量结果包括斜距、平距和水平角竖直角等信息。

3. 坐标测量

1) 三维坐标测量原理

O 为测站点，A 为后视点，已知 A,O 两点的坐标分别为 $(N_A、E_A、Z_A)$ 和 (N_O,E_O,Z_O)，用全站仪测量测点 B 的坐标 (N_B,E_B,Z_B)，如图 2-16-3 所示。为此，根据坐标反算公式先计算出 BA 边的坐标方位角。

实际上，在将测站点和后视点坐标输入仪器后，瞄准后视点 A，通过操作键盘，即将水平度盘读数设置为该方向的坐标方位角，此时水平度盘读数就与坐标方位角值相同。当用仪器瞄准 B 点，显示的水平度读数就是测站至 B 点的坐标方位角。测出测点到 B 点的斜距后，B 点的坐标可按下列公式计算出：

$$\begin{cases} N_B = N_O + D' \cdot \cos\tau \cdot \cos\alpha \\ E_B = E_O + D' \cdot \cos\tau \cdot \sin\alpha \\ Z_B = Z_O + D' \cdot \sin\tau + i - j \end{cases}$$

式中：N_1,E_1,Z_1 为测点坐标；N_O,E_O,Z_O 为测站点坐标；D' 为测站点至测点斜距；τ 为测站点至测点方向的竖直角；α 为测站点至测点方向的坐标方位角；i 为仪器高；j 为目标高（棱镜高）。

上述计算是由仪器机内软件计算的，通过操作键盘即可直接得到测点坐标。

2) 坐标测量前准备

(1) 仪器是否正确地安置在测点上。

(2) 电池是否充足电。

(3) 度盘指标是否设置好。

(4) 仪器参数是否按观测条件设置好。

(5) 气象改正数、棱镜类型、棱镜常数改正数和测距模式是否准确设置。

(6) 是否准确照准棱镜中心，返回信号强度适宜测量。

(7) 测站数据是否输入。

3) 坐标测量的步骤

(1) 在测站点 O 架设仪器，量取仪器高度。建立一个新项目文件，输入测站点 O 的坐标和仪器高度。

(2) 输入后视点 A 的坐标，仪器可自动反算出直线 OA 的坐标方位角，然后精确照准后视点 A 的棱镜中心进行定向。

(3) 瞄准碎部点 B 的棱镜，输入棱镜的高度，按测量键即可获得 B 点的平面坐标和高程坐标。

(4) 放样(测设)测量。

4. 高级测量

高级测量包括后方交会测量、对边测量和悬高测量等内容。

1) 后方交会测量

(1) 后方交会的基本原理。

后方交会是通过对多个已知点的测量定出测站点坐标的方法。

已知 P_1、P_2、P_3、P_4 的坐标,确定测站点 P_0 的坐标。先输入已知点的坐标值 (N_i，E_i，Z_i) ($i=1,2,3,4$) 后,再通过观测已知点 P_1 与测站点 p_0 间的水平角观测值 H_i、垂直角观测值 V_i 和距离观测值 D_i,便可由仪器自动计算测站点坐标 $P_0(N_0,E_0,Z_0)$ 并输出。

通过观测 2~10 个已知点便可计算出测站点的坐标。观测的已知点越多,观测的距离越多,计算所得的坐标精度也越高。可以测得距时,最少观测 2 个已知点。无法测距时,最少观测 3 个已知点。

(2) 坐标计算过程。

测站点 N、E 坐标通过列出角度和边长误差方程,采用最小二乘法求取,而 Z 坐标通过计算平均值求取,计算过程如图 2-16-4 所示。

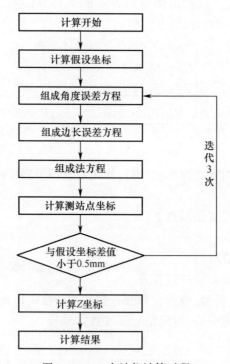

图 2-16-4 全站仪计算过程

2) 对边测量

对边测量用于在不搬动仪器的情况下,直接测量某一起始点 (P_1) 与任何一个其他点间的斜距、平距和高差。在测站点上依次测量各反射棱镜的距离 S_1、S_2 和水平角 θ_1,以及高差 h_{A1}、h_{A2},则可求得 P_1 至 P_2 间的距离 C 和高差 h_2:

$$\begin{cases} C = \sqrt{S_1^2 + S_2^2 - 2S_1 \cdot S_2 \cdot \cos\theta_1} \\ h_{12} = h_{A2} - h_{A1} \end{cases}$$

在测量两点间高差时,将棱镜安置在测杆上,并使所有各点的目标高相同。

3) 悬高测量

(1) 悬高测量的概念。悬高测量用于对不能设置棱镜的目标(如高压输电线、桥梁等)高度的测量,目标高计算公式为

$$\begin{cases} H_i = h_1 + h_2 \\ h_2 = S\sin\theta_{Z1}\cot\theta_{Z2} - S\cos\theta_{Z1} \end{cases}$$

(2) 悬高测量的步骤,如下:

① 将棱镜设于被测目标的正上方或者正下方,在棱镜的支撑杆上读取棱镜的高度(测点至棱镜中心的高度)。

② 输入棱镜高度后按"OK"。

③ 照准棱镜。

④ 在测量模式开始距离测量,显示出测量结果。

⑤ 照准目标。

⑥ 在测量模式下开始悬高测量,即可得到悬高和其他测量值。

七、数据通信

全站仪的数据通信是指全站仪与电子计算机之间进行的双向数据交换。全站仪与计算机之间的数据通信的方式主要有两种:一种是利用全站仪配置的"个人计算机存储卡国际协会"(personal computer memory card internation association,PCMCIA,简称为 PC 卡,也称为存储卡)卡进行数字通信,特点是通用性强,各种电子产品间均可互换使用;另一种是利用全站仪的通信接口,通过电缆进行数据传输。可通过这两种方法将全站仪中已保存的数据导出,进行进一步的数据处理。

数据示例如下:

01,3725056.590,967379.864,11.932,01
02,3725070.935,967371.920,11.925,02
03,3725087.323,967353.111,12.003,03
04,3725102.704,967363.226,11.833,04
05,3725092.664,967372.783,11.835,05
06,3725070.059,967392.053,11.794,06
07,3725074.286,967376.071,11.932,07
08,3725027.997,967333.152,11.876,08
09,3725095.526,967332.937,11.860,09

仪高:1.591

镜高:1.769

八、全站仪盘左盘右区分方法

全站仪仪器的盘左和盘右,实际上沿用老式光学经纬仪的称谓,是根据竖盘相对观测人

员所处的位置而言的,观测时当竖盘在观测人员的左侧时称为盘左,反之,称为盘右。相对盘左和盘右而言,又称为正镜和倒镜,以及 F1(FACE1)面和 F2(FACE2)面的。

正、反(盘左、盘右)测量后,通过测量方法可消除某些人为误差及固定误差。对于可定义盘左和盘右称谓的仪器而言,给用户增加了应用仪器的可选操作界面,不影响测量作业和测量结果。

对于靠角度确认盘左和盘右可能存在某些错觉。例如:某些连接陀螺仪的全站仪或者经纬仪,在确定盘左和盘右时显示的不一定是对应的。就是说,相差180°数值而已,用户记住两者的差值即可。仪器也是自动计算的,对工程测量结果没有影响。

九、误差分析

垂直度盘由主光栅、指示光栅、指示光栅座、轴和轴套组成,在垂直度盘安装过程中会产生竖盘指标差和水平轴倾斜误差。竖盘指标差是由于固定指示光栅安装不正确引起的,是指当视准轴水平时,垂直度盘读数不为90°。安装好垂直度盘后,将仪器放在仪器墩上,照准与仪器大致同高的平行光管无穷远处的目标,用盘左、盘右观测目标的天顶距,盘左为 $\alpha = 90° - L + I$;盘右为 $\alpha = R - 270° - I$ 得 $I = 1/2(L + R - 360°)$。若指标差 i 超过规定的限差,则进行校正。校正分为两种:一种是机械校正;另一种是通过软件校正。机械校正:第一松开指示光栅座与支架连接的4个螺钉,第二旋转调整指示光栅座,第三进行盘左、盘右测量计算指标差,直到满足需要为止。软件校正:启动仪器的指标差校正程序,按显示屏提示,盘左、盘右照准平行光管,提取指标差并存储,经上述校正后,仪器显示的角度为校正指标差后的值,即指标处于正确安装位置时的值。

水平轴倾斜误差是由于支撑水平轴两支架的高度不等高造成的。当水平轴倾斜时会对水平角的测量有很大影响,在竖轴铅直,视准轴与水平轴垂直的前提下:

(1)以水平轴中心 O 为圆心,任意长为半径作弧,HH_1 代表水平轴水平位置,$H'H_1'$ 代表水平轴倾斜之角时的位置,竖直角度在 H_1 一侧,水平轴绕竖轴旋转时,在各个方位上的倾斜角 β 是不变的。

(2)当水平轴水平时,照准目标 T,则垂直照准面是 $OZTM'$,它在水平度盘上读数为 M',如果水平轴倾斜 β 角,当视准轴指向天顶时,视准轴就不会在正确的 OZ 位置,而移至 OZ' 位置,用这样的视准轴去照准目标 T 时,照准面为倾斜面 $OZ'TM$,在水平度盘的读数为 M。弦长 $MM' = \Delta\beta$ 就是水平轴倾斜误差对方向读数的影响。作 OZM 垂直面,在球面三角形 ZTM 中,$ZT = Z, LZMT = \beta, TM \approx \alpha, LTZM = \Delta\beta$,则有球面垂直角公式:$\sin\Delta\beta = \sin\beta / \sin z * \sin\alpha$,又因为 β 和 $\Delta\beta$ 为小角度,可得 $\Delta\beta = \beta\tan\alpha$,这就是水平轴倾斜误差对水平角影响的关系式。

对水平轴的倾斜误差的检定采用平、低(高)点法来检定:在室内选定两个点,一个高于水平视线,另一个低于水平视线,且垂直角满足 $\alpha_{高} = -\alpha_{低}$。当观测高点时:$(L-R)_{高} = 2L/\cos\alpha_{高} + 2\beta\tan\alpha_{高}$。当观测低点时:$(L-R)_{低} = 2L/\cos\alpha_{低} + 2\beta\tan\alpha_{低}$,因 $\alpha_{高} = |\alpha_{低}|$,则 $\beta = 1/2(C_{高} - C_{低})\cot\alpha$。当采用平、高读数时,只需 $(L-R)_{平} = 2C$ 与 $(L-R)_{低} = 2L/\cos\alpha_{低} + 2\beta\tan\alpha_{低}$。具体操作根据软件提示,先盘左、盘右分别照准水平平行光管,求解视准轴误差和指标差 β_1;再盘左、盘右照准点平行光管,求解视准轴误差和指标差 β_2,这时可根据上述公式求得水平轴倾斜误差。当水平轴倾斜误差过大时,可通过调整垂直度盘上的指示光栅

座与支架的相对位置来校正,也可根据软件进行补偿。

一般情况下,要求相对频偏不应大于该仪器标称测距精度比例项的 2/3。

十、全站仪测角误差检定

(1) 全站仪的测角部分与电子经纬仪完全一致,无论是电子经纬仪还是光学经纬仪,均应满足以下 3 个几何条件:

① 视准轴 CC 应垂直于横轴 HH。

② 横轴 HH 应垂直于竖轴 VV。

③ 水准轴应垂直于竖轴 VV。

在光学经纬仪中,上面 3 个条件要求非常严格,而在电子经纬仪中可以通过一定的软件和补偿器对轴系误差进行补偿,所以要求相对宽松。经过误差修正之后的轴系残余误差分别称为视准轴误差、横轴误差和竖轴误差。

(2) 除了上述三轴关系外,电子经纬仪还应满足以下条件:

① 横轴应通过竖盘中心。

② 竖轴应通过水平度盘中心。

③ 水平及竖直度盘的分划应无系统误差。

④ 测微系统(包括光学测微器和电子测微系统)应无系统误差,并应同度盘的分划相匹配。

⑤ 望远镜成像质量良好。调焦时视准轴应无变动。

(3) 补偿器零点差的调整。电子经纬仪在出厂前均已经过以下调整:

当仪器竖轴铅垂时,补偿器的补偿值为零;反之也成立,即当补偿器的补偿值为零时,仪器竖轴处于铅垂状态。但仪器经过长期使用或长途运输震动后,补偿器的零点位置就会发生变化,上述条件将不再成立,应调整补偿器零点位置。早期的仪器,零点位置是固定的,当仪器产生了零点差,则需将其送到维修中心调整补偿器零点的几何位置,消除零点差。目前,绝大多数仪器零位是动态的,在仪器说明书中均有调整零点差的说明,可通过软件重新设置零位,消除零点差。

(4) 照准部旋转时基座位移产生的误差检定。

当照准部旋转时,固定在基座上的水平度盘不应被其带动,但实际上会有微小带动。而这种微小带动的现象(基座位移)主要是由空隙带动误差和弹性带动误差而引起。

① 空隙带动误差。仪器脚螺旋与螺孔之间存在空隙,当旋转照准部时,可能使边缘处螺孔移动,从而导致基座水平度盘发生微小的方位变动。这种方位变动只有在照准部开始转动时才会发生,变动旋转方向时取得最大值,然后逐渐减小。当脚螺旋已压向孔壁一侧时就不再变动了。这种影响使得照准部向右旋转时,度盘读数偏小,向左旋转时,度盘读数偏大。因此,当观测某一组方向时,在照准部方向前,先将仪器沿要旋转的方向转动 1~2 周,并在照准其他方向时,必须保持按同一方向旋转,即可消除或减弱此项误差的影响。

② 弹性带动误差。若竖轴与其轴套之间存在较大摩擦,在照准部旋转时就可能带动基座而产生弹性扭曲,同时水平度盘产生微小的方位变动。这种扭曲主要发生在照准部开始旋转的瞬间,在转动过程中其值减小,从而使读数在顺时针旋转情况下偏小。

由于上述两种误差的性质相同,对方向值的影响也基本相同,因此可采用与消除或减弱空隙误差相同的方法来消除或减弱弹性带动误差。

检定方法:在仪器墩台上安置好仪器并照准一平行光管,先顺时针旋转照准部一周照准目标读数,再顺转一周照准目标读数。然后逆时针旋转照准部一周照准目标读数,逆转一周照准目标读数。以上操作为一测回,连续测定10个测回,分别计算顺、逆两次照准目标读数的差值,并取10次平均值作为最终结果。对于0.5″级的仪器,其值不应超过0.3″;对于2″级的仪器,其值不应超过1.5″。若检定结果超限时,则应送仪器维修中心修理。

(5) 全站仪其他检查项目。

① 测量数据记录功能检查。全站仪一般采用以下两种记录数据方式:

一是配置的存储卡,有专用卡和PCMCIA卡。

二是内置存储器。存储卡(存储器)应初始化工作正常,存储容量要达到说明书的指标;测量数据可以完整地存储到存储卡(器)中,并能在全站仪上调用这些数据。其检查方法是按照仪器说明书提供的操作步骤,逐步进行检查,发现异常情况应及时分析原因。若故障系仪器本身原因,则应及时对仪器进行维修。

② 数据通信功能检查。全站仪数据通信是指全站仪与计算机之间的双向数据交换,目前主要的数据交换方式有两种:

一是借助于存储卡或通过PCMCIA卡作为数据载体。PCMCIA存储卡是个人计算机存储卡国际协会确定的标准计算机设备的一种配件(简称PC卡),目的是提高不同计算机之间以及其他电子产品之间的信息交换,一般便携机都设置有PCMCIA卡插口,只要插入PC卡,即可达到扩充系统的目的。

二是利用全站仪的数据输入及输出接口,并用专用电缆传输数据。

(6) 电缆传输数据功能的检查。

全站仪将测得或处理后的数据,通过电缆直接传输到计算机或其他设备中也可将计算机的数据传至全站仪,或者直接由计算机控制全站仪。全站仪每次传输的数据量有限,所以一般全站仪采用串型通信方式。

对功能的要求:计算机与全站仪间的数据交换能正常进行,即全站仪与计算机能实现数据互传。若传输不能正常进行,则要检查计算机端口选择是否正确,波特率是否一致,电缆是否有损坏等;在排除以上原因后,若还不能正常传输数据,则应将仪器送维修中心进行修理。

(7) 误差改正软件及其他应用软件检查。

在新型全站仪中不仅设置加常数改正、大气参数改正、轴系误差(视准轴误差、横轴误差及数轴误差)改正和竖盘指标差修正等改正软件,而且设置坐标放样测量、后方交会等应用软件。对于这些软件运算结果必须正确无误。检查时应按仪器说明书中提供的操作步骤进行实际对比。

十一、注意事项

1. 保管时

(1) 仪器的保管由专人负责,每天现场使用完毕带回办公室;不得放在现场工具箱内。

(2) 仪器箱内应保持干燥,要防潮防水并及时更换干燥剂。仪器必须放置专门架上或固定位置。

(3) 仪器长期不用时,应定期(一个月左右)取出通风防霉并通电驱潮,以保持仪器良好的工作状态。

(4) 仪器放置要整齐,不得倒置。

2. 使用时

(1) 开工前应检查仪器箱背带及提手是否牢固。

(2) 开箱后提取仪器前,要看准仪器在箱内放置的方式和位置,装卸仪器时,必须握住提手,将仪器从仪器箱取出或装入仪器箱时,要握住仪器提手和底座,不可握住显示单元的下部。切记不可拿仪器的镜筒,否则会影响内部固定部件,从而降低仪器的精度。应握住仪器的基座部分,或双手握住望远镜支架的下部。仪器用毕,先盖上物镜罩,并擦去表面的灰尘。装箱时各部位要放置妥当,合上箱盖时应无障碍。

(3) 在太阳光照射下观测仪器,应给仪器打伞,并戴上遮阳罩,以免影响观测精度。在杂乱环境下测量,仪器要有专人守护。当仪器架设在光滑的表面时,要用细绳(或细铅丝)将三脚架三个脚连起来,以防滑倒。

(4) 当架设仪器在三脚架上时,尽可能用木制三脚架,因为使用金属三脚架可能会产生振动,从而影响测量精度。

(5) 当测站之间距离较远,搬站时应将仪器卸下,装箱后背着走。行走前要检查仪器箱是否锁好,检查安全带是否系好。当测站之间距离较近,搬站时可将仪器连同三脚架一起靠在肩上,但仪器要尽量保持垂直放置。

(6) 搬站之前,应检查仪器与脚架的连接是否牢固;搬运时,应把制动螺旋锁紧,使仪器在搬站过程中不致晃动。

(7) 仪器任何部分发生故障,不应勉强使用,应立即检修,否则会加剧仪器的损坏程度。

(8) 光学元件应保持清洁,如沾染灰尘必须用毛刷或柔软的擦镜纸擦掉。禁止用手指抚摸仪器的任何光学元件表面。清洁仪器透镜表面时,请先用干净的毛刷扫去灰尘,再用干净的无线棉布沾酒精由透镜中心向外一圈圈地轻轻擦拭。除去仪器箱上的灰尘时切记不可用任何稀释剂或汽油,而应用干净的布块蘸中性洗涤剂擦洗。

(9) 在潮湿环境中工作,作业结束,要用软布擦干仪器表面的水分及灰尘后装箱。回到办公室后立即开箱取出仪器放于干燥处,彻底晾干后再装箱内。

(10) 冬天室内外温差较大时,仪器搬出室外或搬入室内,应隔一段时间后才能开箱。

3. 转运时

(1) 首先把仪器装在仪器箱内,再把仪器箱装在专供转运用的木箱内,并在空隙处填以泡沫、海绵、刨花或其他防震物品。装好后将木箱或塑料箱盖子盖好。需要时应用绳子捆扎结实。

(2) 无专供转运的木箱或塑料箱的仪器不应托运,应由测量员亲自携带。在整个转运过程中,要做到人不离开仪器,如乘车,应将仪器放在松软物品上面并用手扶着,在颠簸厉害的道路上行驶时,应将仪器抱在怀里。

(3) 注意轻拿轻放、放正、不挤不压仪器,无论天气晴否,均要事先做好防晒、防雨、防震等措施。

4. 电池

全站仪的电池是全站仪最重要的部件之一,在全站仪所配备的电池一般为 Ni—MH(镍氢电池)和 Ni—Cd(镍镉电池),电池的好坏、电量的多少决定了在外作业时间的长短。

（1）建议在电源打开期间不要将电池取出，因为此时存储数据可能会丢失，所以应在电源关闭后再装入或取出电池。

（2）可充电池可以反复充电使用，但是如果在电池还存有剩余电量的状态下充电，则会缩短电池的工作时间。此时，电池的电压可通过刷新予以复原，从而改善作业时间，充足电的电池放电时间约需 8h。

（3）不要连续进行充电或放电，否则会损坏电池和充电器。如有必要进行充电或放电，则应在停止充电约 30min 后再使用充电器。

（4）不要在电池刚充电后就进行充电或放电，有时这样会造成电池损坏。

（5）超过规定的充电时间会缩短电池的使用寿命，应尽量避免。

（6）电池剩余容量显示级别与当前的测量模式有关。在角度测量的模式下，电池剩余容量够用，并不能够保证电池在距离测量模式下也能用，因为距离测量模式耗电高于角度测量模式；当从角度模式转换为距离模式时，由于电池容量不足，可能会中止测距。

5. 检验和校正

（1）照准部水准轴垂直于竖轴的检验和校正。检验时先将仪器大致整平，转动照准部使其水准管与任意两个脚螺旋的连线平行，调整脚螺旋使气泡居中，然后将照准部旋转 180°，若气泡仍然居中，则说明条件满足，否则应进行校正。

校正的目的是使水准管轴垂直于竖轴，即用校正针拨动水准管一端的校正螺钉，使气泡向正中间位置退回一半，可先使竖轴竖直，再用脚螺旋使气泡居中即可。此项检验与校正必须反复进行，直到满足条件为止。

（2）十字丝竖丝垂直于横轴的检验和校正。

检验时用十字丝竖丝瞄准一个清晰小点，使望远镜绕横轴上下转动，如果小点始终在竖丝上移动，则其满足条件，否则需要进行校正。

校正时松开 4 个压环螺钉（装有十字丝环的目镜用压环和 4 个压环螺钉与望远镜筒相连接）。转动目镜筒使小点始终在十字丝竖丝上移动，校好后将压环螺钉旋紧。

（3）视准轴垂直于横轴的检验和校正。选择一水平位置的目标，盘左、盘右观测之，取它们的读数（估计常数 180°），即得两倍的 $c(c=1/2(\alpha_左-\alpha_右))$

（4）横轴垂直于竖轴的检验和校正。选择较高墙壁近处安置仪器。以盘左位置瞄准墙壁高处一点 p（仰角最好大于 30°），放平望远镜在墙上定出一点 m_1。倒转望远镜，盘右后瞄准 p 点，再放平望远镜在墙上定出另一点 m_2。如果 m_1 与 m_2 重合，则条件满足，否则需要校正。校正时，瞄准 m_1、m_2 的中点 m，固定照准部，向上转动望远镜，此时十字丝交点将不对准 p 点。抬高或降低横轴的一端，使十字丝的交点对准 p 点。此项检验也要反复进行，直到条件满足为止。以上 4 项检验和校正，以（1）（3）（4）项最为重要，在观测期间最好经常进行。每项检验完毕后必须旋紧有关的校正螺钉。

十二、实验报告

每组上交（或每人上交）：

（1）全站仪测量数据、草图。

（2）每人上交实验过程照片：扶全站仪三脚架、棱镜三脚架的照片、操作仪器的照片、记录数据的照片、全组合影等。每位同学各个环节上交 4 张以上照片。

实验十七　全站仪的认识与使用 II

一、实验目的

(1) 熟悉全站仪的使用方法。
(2) 掌握利用全站仪进行点位测设的测量方法。

二、实验计划

(1) 实验学时数:2 学时。
(2) 每个小组由 4 人组成。
(3) 每组一个 4 个点的矩形。

三、实验仪器

全站仪 1 台、三脚架 1 个、棱镜及对中杆 2 副、棱镜架 2 个、钢卷尺 1 个等。

四、仪器认识

全站仪是全站型电子测速仪的简称,是电子经纬仪、光电测距仪及微处理器相结合的光电仪器。本实验以天宇 CTS-632RM 系列全站仪为例,学习全站仪的功能、原理和使用方法。天宇 CTS-632RM 系列全站仪是集测角、测距于一体的整体式全站仪,可以测量角度、距离坐标,还可进行悬高测量、偏心测量、对边测量、距离放样、坐标放样等。仪器有内置数据采集程序和存储器,可以自动记录测量数据和坐标数据,可直接与计算机传输数据,实现内业、外业一体数字化测量。

天宇 CTS-632RM 系列全站仪基本构造和各部件的名称如图 2-17-1 所示。全站仪的测量模式一般有两种:一是基本测量模式,包括角度测量模式、距离测量模式和坐标测量模式;二是特殊测量模式(应用程序模式),可进行悬高测量、偏心测量、对边测量、距离放样、面积计算等。

全站仪测量时是通过键盘来操作的,其操作面板如图 2-17-1 所示。

1. 实验步骤
1) 安置仪器

首先将三脚架打开,升到适当高度,脚架置于测站点上,并使脚架头大致水平,拧紧 3 个脚架固定螺旋,将仪器小心地安置到三脚架上并拧紧固定连接螺旋。

(1) 开机。打开电源,松开垂直制微动螺旋,将望远镜纵转一周,使竖直角过零,屏幕上显示出竖直度盘读数。松开水平制微动螺旋,将仪器水平转动一周,屏幕上显示水平度盘读数。

(2) 对中。打开电源,打开激光对中开关,然后放稳脚架,并踩紧压实。也可以旋转水准器气泡,使激光束对准测站点。前者在地面平坦地质条件较好的地区较适用,后者在地面起伏较大地质条件差的地区适用。

(3) 仪器粗平。调整圆水准器气泡居中以达到仪器的粗平,首先观察圆气泡的状态,气

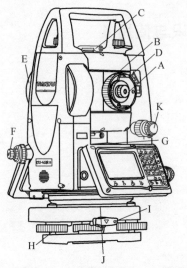
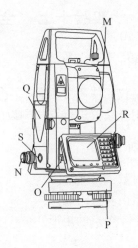

A—目镜；B—望远镜调焦螺旋；C—粗瞄准器；
D—仪器中心标志；E—物镜；F—光学对中器；
G—管水准器；H—脚螺旋；I—基座固定钮；
J—圆水准器；K—垂直制微动。

M—物镜；N—水平制微动；O—USB传输线；
P—整平脚螺旋；Q—电视；R—显示屏；S—测量键。

(a) 全站仪结构Ⅰ (b) 全站仪结构Ⅱ

(c) 全站仪操作面板

图 2-17-1 全站仪基本构造和各部件的名称

泡所在的反方向偏低。可松开气泡所在的方向的三脚架腿,轻轻下放直到气泡居中,也可松开气泡的反方向的三脚架腿,轻轻升起直到气泡回归中心。然后调节其他方向三脚架腿,直到水准器气泡。

(4) 仪器精平。通过调节脚螺旋使管水准气泡(或是电子气泡)居中,实现仪器的精平。

(5) 检查对中。在粗平、精平结束后,应再次检查对中;若对中超出界限,应重新调整以上步骤,直至对中、整平同时满足要求为止。

2) 测量

(1) "menu 键"——建站——已知点——后视点——定向。

(2) "menu 键"——采集——新建项目——点采集——切换到坐标测量模式,如图 2-17-2 所示。

3）输出

以 pointname,code,E,N,Z 形式导出到 SD 卡数据示例,如下:

01,3725056.590,967379.864,11.932,01
02,3725070.935,967371.920,11.925,02
03,3725087.323,967353.111,12.003,03
04,3725102.704,967363.226,11.833,04
05,3725092.664,967372.783,11.835,05
06,3725070.059,967392.053,11.794,06
07,3725074.286,967376.071,11.932,07

仪高:1.591

镜高:1.769

图 2-17-2　测量界面

2. 注意事项

（1）在输入时要先选定要输入的文本框,当看到光标闪烁时开始输入。

（2）如果发现触摸屏的点击位置有所偏差,应进行触摸屏的检校。

（3）当弹出警告、提示或者错误信息时,应等待 1s 左右,消息将自动消失,然后可进行下一步的操作。

（4）使用仪器之前请仔细阅读参考指南。

（5）日光下测量应避免将物镜直接瞄准太阳。若在太阳下作业,应安装滤光镜。

（6）避免在高温和低温下存放仪器,应避免温度骤变(使用时气温变化除外)。

（7）仪器不使用时,应将其装入箱内,置于干燥处,注意防震、防尘和防潮。

（8）若仪器工作处的温度与存放处的温度差异太大,应先将仪器留在箱内,直至它适应环境温度后再使用仪器。

（9）仪器长期不使用时,应将仪器上的电池卸下分开存放。电池应每月充电一次。

（10）仪器运输应将仪器装于箱内进行;运输时应小心避免挤压、碰撞和剧烈震动,长途运输最好在箱子周围使用软垫。

（11）仪器安装至三脚架或拆卸时,要一只手先握住仪器,以防仪器跌落。

（12）外露光学件需要清洁时,应用脱脂棉或镜头纸轻轻擦净,切记不可用其他物品擦拭。

（13）仪器使用完毕后,用绒布或毛刷清除仪器表面灰尘。仪器被雨水淋湿后,切勿通电开机,应用干净软布擦干并在通风处放一段时间。

(14)作业前应仔细全面检查仪器,确信仪器各项指标、功能、电源、初始设置和改正参数均符合要求时再进行作业。

(15)发现仪器功能异常时,非专业维修人员不可擅自拆开仪器,以免发生不必要的损坏。

(16)本系列全站仪发射的光是激光,使用时不得对准眼睛。

五、实验报告

每组上交(或每人上交):

(1)全站仪测量数据、草图、测绘图。

(2)每人上交实验过程照片:扶全站仪、三脚架的照片、操作仪器的照片、记录数据的照片、全组合影等。每位同学各个环节上交4张以上照片。

实验十八 全站仪坐标法点位测设

一、实验目的

(1) 熟悉全站仪的使用方法。
(2) 掌握利用全站仪进行点位测设的测量方法。

二、实验计划

(1) 实验学时数:2 学时。
(2) 每个小组由 4 人组成。
(3) 每组一个 4 个点的矩形。

三、实验仪器

全站仪 1 台、棱镜及对中杆 1 副、花杆 1 个等。

四、方法步骤

1. 实验原理

如图 2-18-1 所示,A、B 两点为控制点,P 点为待放样点。按照极坐标的原理,以 AB 边为起始边旋转 β 角;以 A 点为起点沿 β 角终边方向量取水平距离 D_{AP} 即可得到 P 点位置。β 角是通过坐标反算出 AB、AP 两条边坐标方位角作差求出。D_{AP} 是通过 A、P 两点平面坐标利用两点间距离公式求出。

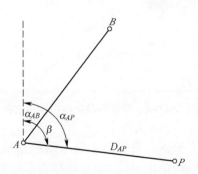

图 2-18-1 控制点放样点示意图

利用全站仪坐标法放样 P 点平面位置时 β 角和 D_{AP} 无须手动计算求出,只需在全站仪中输入 A、B、P 三点坐标,β 角和 D_{AP} 仪器可自动求出。操作者只需按照仪器提示以 AB 边为起始边旋转 β 角,以 A 点为起点沿 β 角终边方向量取水平距离 D_{AP} 即可得到 P 点位置。

2. 实验步骤

各个品牌全站仪在操作时操作键和菜单设置会略有区别,但由于原理相同,所以具体的操作步骤基本相同。下面以苏一光全站仪的操作步骤为例,介绍具体操作过程。

(1) 在 A 点安置全站仪,对中整平,开机并进入测量模式。

(2) 在测量模式下切换菜单至 P2 页,单击"程序"进入,如图 2-18-2 所示。

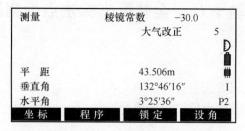

图 2-18-2　测量模式下选项

(3) 进入程序后,在"程序菜单"下移动光标至"放样测量",回车进入,如图 2-18-3 所示。

图 2-18-3　程序菜单选项

(4) 在"放样测量"模式下,选择第一项"测站定向",回车进入,如图 2-18-4 所示。

图 2-18-4　放样测量选项中测站定向

(5) 选择"测站定向",回车进入。在界面上输入测站点号、仪器高(如果只放样平面坐标,此项可以不管)、测站点坐标,单击 OK。如果坐标数据已提前输入,则可以单击"调取"选择已输入点作为测站点,如图 2-18-5 所示。

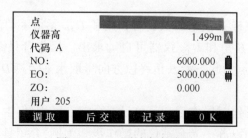

图 2-18-5　测站定向选项

(6) 完成上一步后,仪器界面出现"后视定向"。选择"后视",回车(如果已知定向边方位角的话,也可以选择"角度定向"。但在实际工作中一般都选择"后视",通过输入后视点坐标来定向),如图 2-18-6 所示。

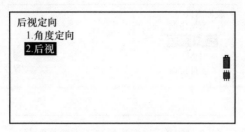

图 2-18-6 后视定向选项

(7) 进入后视坐标后,输入后视点点号、坐标,单击"OK"。如果坐标数据已提前输入,则可以单击"调取"选择已输入点作为后视点。如果只是放样平面位置的情况下,则目标高可以不用管。

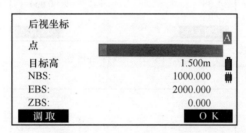

图 2-18-7 后视坐标选项

(8) 仪器界面会出现测站点到后视点这个已知边的坐标方位角,然后瞄准后视点单击"OK",后视定向完成,如图 2-18-8 所示。

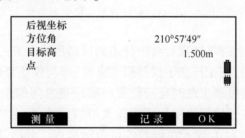

图 2-18-8 后视定向

(9) 界面会返回到放样测量菜单界面。一般光标会自动移到第二项"放样测量",只需回车进入即可,如图 2-18-9 所示。

(10) 在界面上输入放样点号、仪器高(如果只放样平面坐标,此项可以不管)、放样点坐标,单击 OK。如果坐标数据已提前输入,则可以单击"调取"选择已输入点作为放样点,如图2-18-10 所示。

(11) 仪器界面会出现放样角差等数据。放样角差指仪器目前瞄准的方向与放样点所在方向之间的差值。只需按照仪器所指示方向旋转直至放样角差为 0。在旋转开始时可以快速旋转,等放样角差快等于0时,将仪器水平方向制动,用微动螺旋将仪器旋转直至放样角差为0。此时仪器所瞄准方向为放样点所在方向,如图2-18-11所示。注意:这时仪器水平方向不能旋转。

图2-18-9　放样测量选项中放样测量

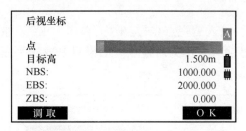

图2-18-10　放样后视坐标

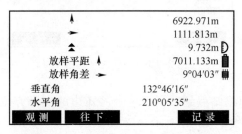

图2-18-11　旋转直至放样角差为0

（12）一位测量人员手持花杆或者对中杆走到仪器所瞄准方向适当距离处,仪器操作人员指挥测量人员左右移动,使花杆立于仪器瞄准方向,即与仪器竖丝重合。望远镜上下移动瞄准棱镜测距。这时仪器可测出此时花杆位置与放样点之间的距离差值,即仪器界面上的放样平距。仪器操作员按照仪器提示指挥放样人员前后移动,并告诉其移动实际距离。如此反复操作直至放样平距为0,或者在限差许可范围之内。此时花杆所立位置为放样点位置。放样人员在此做标记,放样完成。仪器操作员单击"往下"可继续放样,按照上述方法放样下一点,如图2-18-12所示。

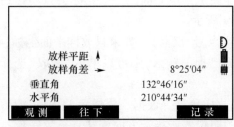

图2-18-12　放样成功(花杆仪器竖丝重合)

五、实验报告

每组上交(或每人上交)：

(1) 全站仪放样图。

(2) 每人上交实验过程照片：扶全站仪的照片、操作仪器的照片、记录数据的照片、全组合影等。每位同学各个环节上交 4 张以上照片。

实验十九　三角高程测量

一、实验目的

（1）掌握三角高程测量的观测方法。
（2）掌握三角高程测量的计算方法。

二、实验计划

（1）实验学时数：2学时。
（2）每个小组由4人组成。
（3）每组在实验场地选定2点，用三角高程测量方法测出两点间的高差。

三、实验仪器

DJ_6型光学经纬仪或DJ_2型光学经纬仪或全站仪1台、棱镜及对中杆1副、花杆1个、钢卷尺1把等。

四、方法步骤

三角高程测量是指通过观测两个控制点的水平距离和天顶距（或高度角）确定两点间高差的方法。它观测方法简单，受地形条件限制小，是测定大地控制点高程的基本方法，如图2-19-1所示。

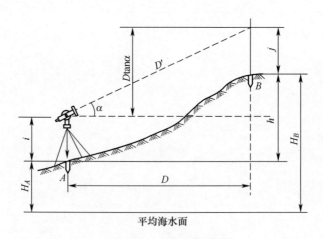

图2-19-1　三角高程测量

1. 原理

如图2-19-1所示，已知点A的高程H_A，B为待定点，待求高程为H_B。在点A安置经纬仪，照准点B目标顶端M，测得竖直角α。量取仪器高i和目标高v。如果测得AM之间距离为D'，则A、B点的高差为

$$h_{AB} = D'\sin\alpha + i - v$$

如果测得 A、B 点的水平距离 D，则高差为

$$h_{AB} = D\tan\alpha + i - v$$

则 B 点高程为

$$H_B = H_A + h_{AB}$$

上述计算公式是假定地球表面为水平面（水准面为水平面）、观测视线为直线的基础上推导而得到的。当地面上两点间距离小于 300 m 时，可以近似认为这些假设条件是成立的，上述公式也可以直接应用。但两点间的距离超过 300 m 时，就要考虑地球曲率对高程的影响，加以曲率改正，称为球差改正，其改正数为 c。同时，观测视线受大气折光的影响而成为一条向上凸起的弧线，需加以大气折光影响的改正，称为气差改正，其改正数为 γ。以上两项改正合称为球气差改正，简称为两差改正，其改正数为

$$f = c - \gamma \quad (f > 0)$$

大气垂直折光系数 k 随地区、气候、季节、地面覆盖物和视线超出地面高度等条件的不同而变化，一般取 $k = 0.14$。

为了减少两差改正数 f，《城市测量规范》规定：代替四等水准的光电测距三角高程，其边长不应大于 1km。减少两差改正误差的另一个方法是，在 A、B 两点同时进行对向观测，此时可以认为 k 值是相同的，两差改正 f 也相等。取往返测高差的平均值为可以抵消掉 f。

2. 测量方法

（1）在测站上安置仪器（经纬仪或全站仪），量取仪高；在目标点上安置觇标（标杆或棱镜），量取觇标高。

（2）采用经纬仪或全站仪采用测回法观测竖直角口，取平均值为最后计算取值。

（3）采用全站仪或测距仪测量两点之间的水平距离或斜距。

（4）采用对向观测，即仪器与目标杆位置互换，按前面步骤进行观测。

（5）应用推导出的公式计算出高差及由已知点高程计算未知点高程。

五、主要误差

观测边长 D、垂直角 α、仪器高 i 和觇标高口的测量误差及大气垂直折光系数 k 的测定误差均会给三角高程测量结果带来误差。

1. 边长误差

边长误差取决于距离丈量方法。用普通视距法测定距离，精度只有 1/300。也就是说，300m 的边长，其误差达 ±1 m；用正弦定理根据三角形内角解析边长，主要取决于角度测量精度，一级小三角的测角中误差为 ±10″，最弱边边长误差为 1/10000；用电磁波测距仪测距，精度很高，边长误差一般为几万分之一到几十万分之一。边长误差对三角高程的影响与垂直角大小有关，垂直角越大，其影响也越大。

2. 垂直角误差

垂直角观测误差包括仪器误差、观测误差和外界环境的影响。仪器误差由经纬仪等级所决定，垂直度盘的分划误差、偏心误差等都是影响因素。观测误差有照准误差、指标水准管居中误差等。外界条件主要是大气垂直折光的影响。DJ_6 型光学经纬仪两测回垂直角平均值的中误差可达 ±15″，对三角高程的影响与边长及推算高程路线总长有关，边长或总长越长，对高程的影响也越大。因此，垂直角的观测应选择大气折光影响较小的阴天和每天的中

午观测较好,推算三角高程路线还应选择短边传递,对路线上的边数也有限制。

3. 大气垂直折光误差

大气垂直折光误差主要表现为折光系数 k 值的测定误差。实验证明: k 值中误差约为 $\pm 0.03 \sim \pm 0.05$。另外,一般采用 k 的平均值计算球气差 γ 时,也会有误差。不过,取直、反觇高差的平均值作为高差结果,可以大大减弱大气垂直折光误差的影响。

4. 丈量仪器高和觇标高的误差

仪器高和觇标高的测量误差有多大,对高差的影响也会有多大。因此,应仔细测量仪器高和觇标高。

六、技术要求

(1) 仪器、高标杆均精确至 1mm。

(2) 往返测高差之差的容许误差为 $f_{h容} = \pm 0.04 D$ m,其中: D 为边长,以百米为单位。

七、注意事项

(1) 仪器高和棱镜高在量取的时候尽量准确。

(2) 在观测的时候应该注意仪器的指标差。测回差及对向观测的高差。

(3) 精密观测还要注意加常数、乘常数,以及气温、测区所处海拔高度、折光系数等因素的影响。

(4) 竖直观测时应以中丝横切于目标顶部。

(5) 当 $D<400$ m 时,可不进行两差改正。

八、实验报告

每组上交(或每人上交):

(1) 三角高程测量记录及计算表(表 2-19-1)。

(2) 每人上交实验过程照片:扶经纬仪或全站仪的照片、操作仪器的照片、记录数据的照片、全组合影等。每位同学各个环节提交 4 张以上照片。

表 2-19-1　三角高程测量记录及计算表

日期_____年_____月_____日　天气_____组号_____指导老师_____
仪器型号_____仪器编号_____施测路线_____
组长_____记录者_____组员_____

	待求点			
	起算点			
	观测		往	返
	平距 D/m			
竖直角		L		
		R		
		α		
	$D\tan\alpha$/m			
	仪器高 i/m			
	觇标 l/m			
	两差改正 f			
	高差/m			
	往返测之差/m			限差
	平均高差/m			
	起算点高程/m			
	待求点高程/m			

实验二十　绘制坐标格网和展绘控制点

一、实验目的

(1) 熟悉坐标格网的绘制方法。
(2) 掌握测量控制点的展绘方法。

二、实验计划

(1) 实验学时数:2 学时。
(2) 每个小组由 4 人组成。
(3) 每组绘制 40cm×50cm 坐标格网一张,并展绘控制点。

三、实验仪器

每个小组的实验器材:坐标格网尺或长直尺 1 把、绘图纸 1 张。

四、方法步骤

1. 坐标格网绘制

绘制坐标格网可用坐标格网尺法。如没有坐标格网尺,则可用对角线法。如使用已绘制好坐标格网的图纸时,则无需再绘制方格网。

1) 坐标格网尺法

坐标格网尺是一种特制的金属直尺,如图 2-20-1 所示。

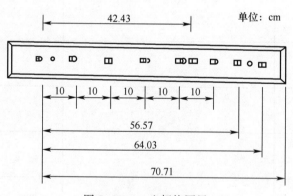

图 2-20-1　坐标格网尺

40cm×50cm 坐标格网的绘制方法如下:

(1) 距图纸下边缘约 50cm 画一直线,在其左端的适当位置取一点 A,将尺子零点对准 A,沿各孔斜面底边画弧与直线相交,得 5 个等分点及直线 AB。
(2) 使尺子零点对准 B 点,并使尺身与 AB 大致垂直,沿各孔斜面底边画弧。
(3) 将尺子沿对角线位置放,并使尺子零点对准 A 点,以图幅对角线长 64.03cm 为半径画弧,与前一项中最上一条弧线相交于 C 点,连接 BC。

(4)用画 BC 的相同方法,可得右上角点 D 及 AD。

(5)连接 DC,用尺子零点对准 D 点,在 DC 上作出各等分点。

(6)连接对边上相应各点,即得所绘的方格边长为 10cm,图幅大小为 40cm×50cm 的坐标方格网。

2)对角线法

如图 2-20-2 所示,用直尺先在图纸上画出两条对角线,以交点 M 为圆心,取适当长度为半径画弧,与对角线相交得 A、B、C、D 点,连接各点得矩形 ABCD。从 A、B、D 点起,分别沿 AB、AD、BC、DC 各边,每隔 10cm 定出一点,然后连接各对边的相应点,即得所需的坐标方格网。

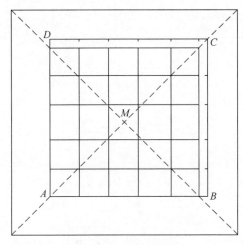

图 2-20-2　对角线法

2. 展绘控制点

坐标格网绘好后,根据所要展绘的控制点的坐标值和测图比例尺确定出坐标格网的坐标,并标注在相应的位置上。每组将自己计算好的控制点(导线点)展绘在图纸上(比例尺为 1∶500),并在各控制点右侧注上点号与高程。

五、技术要求

(1)方格网线粗 0.1mm,方格边长误差小于等于 0.2mm,图廓边长及对角线长度误差小于等于 0.3mm,纵横网格线应严格正交,且对角线上各点位于同一直线上,其偏差小于等于 0.2mm。

(2)所展绘的控制点之间的图上距离与已知的图上距离之差小于等于 0.3mm。

六、注意事项

(1)所用铅笔要削得细而尖,切忌太粗。

(2)绘制坐标格网和展绘控制点时要仔细认真,应做到一丝不苟。

(3)确定格网坐标时,应该使控制点尽量分布在图幅中间。

(4)用坐标格网尺时,注意各孔的定位是斜面下缘,即画线应沿斜面下边缘画,切忌用错。

七、实验报告

每组上交(或每人上交)：

（1）展绘控制点的图纸一张。

（2）每人上交实验过程照片：绘制图纸时的照片、完成绘制图纸的照片、全组合影等。每位同学上交2张以上。

实验二十一　经纬仪测绘地形图

一、实验目的

(1) 掌握用经纬仪测绘法测绘大比例尺地形图的方法。
(2) 熟练掌握条理记录数据。

二、实验计划

(1) 实验学时数:2 或 3 学时。
(2) 每个小组由 4 人组成。1 人观测,1 人记录,1 人立尺,1 人绘图,可轮流操作。
(3) 每组测绘一小块 1∶500 地形图。

三、实验仪器

每个小组的实验器材:DJ_6 型光学经纬仪 1 台、皮尺 1 把、视距尺 1 根、量角器 1 个、绘图板 1 块、图纸 1 张、比例尺 1 把、标杆 1 根、标杆架 1 个。

四、碎部测量

1. 碎部点的选择

碎部点是指地物点和地貌特征点。合理选择碎部点,将直接关系到测图的质量和成图的速度。

1) 地物点的选择

地物点主要选择地物轮廓线的转折点、线状地物的中心线以及小型地物的中心点。对于一些不规则的地物(如湖泊)及较小的转折(如房屋外形小的凹进或凸出),可进行取舍,但相邻点的连线与实际轮廓线的偏差不得大于图纸上的 0.4mm。

2) 地貌特征点的选择

对于地貌而言,碎部点应主要选在最能反映地貌特征的地形线上,即山顶点、鞍部中心点、山脊线和山谷线的方向变化点和坡度变化点,以及山脚线转折点等。除此之外,为了正确、真实、详尽地表示地貌,对碎部点的密度做了规定,要求碎部点间的最大间距,对于 1∶500、1∶100 地形图,不得大于图上的 3cm,对于 1∶2000 地形图,不得大于图上的 2.5cm,对于 1∶5000 地形图,不得大于图上的 2cm。

2. 跑尺的方法

为了便于绘图,在跑尺前,立尺者应与测站上的测绘人员协商,制定跑尺路线。在地物较为密集的城镇地区,应以测绘地物为主,兼测地貌。地物尽量逐个或逐块地测绘,避免混乱,造成连线错误,在以测绘地貌为主的地区,可沿地性线立尺,再补测其他散点。这样绘图方便,但体力消耗大,必要时可数人跑尺。此外也可沿等高线方向跑尺,便于勾绘等高线。少数地物可在测绘地貌的过程中,顺便将其测绘下来。

五、方法步骤

(1) 在实验场地上选定控制点 A、B(A、B 已展绘在图纸上),以 A 为测站点,安置经纬仪,对中、整平。用皮尺量取仪器高 i ,经纬仪的视线高程为 $H_i = H_A + i$ 。

（2）在 B 点竖立标杆,用经纬仪盘左位置瞄准 B 点,并将水平度盘读数配置为 $0°00'00''$ 。

（3）在碎部点 C 立尺,经纬仪瞄准 C 点,读取上、中、下三丝读数,水平度盘读数 β ,竖直度盘读数 L ,并记录在表 2-21-1 中。

（4）用视距测量公式计算出 AC 的水平距离 D 及 C 点高程 H ,即

$$\begin{cases} D = Kn\cos^2\alpha \\ H = H_A + \frac{1}{2}Kn\sin2\alpha + i - l = H_i + \frac{1}{2}Kn\sin2\alpha - l \end{cases}$$

式中: K 为视距常数, $K=100$; n 为上、下丝读数之差,即视距间隔; α 为竖直角; l 为中丝读数; H_i 为视线高程。

（5）图板设置于测站附近,用量角器在图上以 ab 方向为基准量取 β 角,定出 ac' 方向,把实地距离按测图比例尺换算成图上距离,在 ac' 方向上定出 c 点,在其右边注上高程。

（6）按以上方法测出其他碎部点的图上位置及高程,从而绘制成地形图。

六、技术要求

（1）测图比例尺取 1∶500。
（2）竖直角可只用盘左 1 个位置观测,读数读至整 " ′ " 数。
（3）上、下丝读数应读至毫米,中丝可读至厘米。
（4）水平角读数读至整 " ′ " 数。
（5）碎部点距离及高程计算至厘米。

七、注意事项

（1）经纬仪的指标差应进行检验与校正,指标差应不大于 1′。
（2）应随测、随算、随绘。
（3）观测若干点后,应进行经纬仪归零检查;如偏差大于 4′时,应检查所测碎部点。
（4）绘碎部点方向线时,应轻、细,定出碎部点后应擦去。
（5）相近的碎部点,如高程变化较小,则不必每点注记高程。
（6）选择碎部点测绘时,应选择地物地貌特征点。

八、实验报告

每组上交(或每人上交):
（1）碎部测量记录表(表 2-21-1)。
（2）地形图 1 张。
（3）每人上交实验过程照片:扶经纬仪的照片、跑尺时的照片、操作仪器的照片、全组合影等。每位同学上交 4 张以上照片。

表 2-21-1 碎部测量记录表

日期_____年____月_____日 天气_____组号_____指导老师_____
仪器型号_____仪器编号_____施测区域_____
组长_____记录者_____组员_____
指标差_____视距常数_____测站_____测站高程_____仪器高程_____

点号	尺上读数		视距间隔/m	竖直角		水平角/(° ′)	水平距离/m	高程/m	备注
	中丝	下丝		度盘读数/(° ′)	竖直角值/(° ′)				
		上丝							

107

实验二十二 数字化测图数据采集

一、实验目的

(1) 了解全站仪数字化测图的作业过程。
(2) 掌握全站仪采集地面特征点坐标的方法。

二、实验计划

(1) 实验学时数:2 或 3 学时。
(2) 每个小组由 4 人组成,1 人观测,1 人领图,2 人跑尺。
(3) 每个组完成一小块 1:100 地形图的数据采集。

三、实验仪器

全站仪 1 台(包括反射棱镜、棱镜架、棱镜对中杆)、2m 钢尺 1 把、测钎 2 根等。

四、方法步骤

全站仪数字化测图的基本形式为三维坐标测量。
全站仪数字化测图的方法主要有草图法、编码法和内外业一体化的实时成图法等。
本实验采用的是草图法。

1. 全站仪的安置与定向

(1) 在图根控制点上安置全站仪,对中、整平后,量取仪器高。输入测站点坐标、仪器高。

(2) 照准部相邻控制点上的反射棱镜,输入相邻控制点坐标(或已知方位角)数据,进行测站的定向。

(3) 按三维坐标测量方法,测量另一控制点,输入控制点的反射棱镜高,运用全站仪的坐标测量功能,测量该点的坐标、高程。用该点的已知坐标、高程进行检验。

2. 碎部点坐标数据的采集

选择碎部点,对各地形特征点进行编号(草图法)。在各地形特征点放置反光镜,测量各点的三维坐标,将所测数据存储于全站仪所选的文件中。

3. 草图的绘制

草图由领图员在现场根据实际情况进行绘制。草图简化标示地形要素的位置、属性和相互关系等。测点编号与仪器的记录点相一致。

4. 测量数据的传输

坐标数据采集完成后,使用专用的通信电缆将全站仪与计算机的 COM 端口连接,利用通信软件将全站仪采集的数据输到计算机内形成数据文件。

若采用手工记录,则观测每个点后,直接将测量数据记入记录表(表 2-22-1)中。

五、技术要求

(1) 对中偏差小于等于 5mm。

(2) 检验点的平面位置较差小于等于图上 0.2mm。

(3) 高程较差小于等于基本等高距的 0.2mm。

(4) 仪器高和反光镜高的量取精确至 1mm。

(5) 若用手工记录,则坐标、高程读记至 1cm。

六、注意事项

(1) 测站定向应选择较远的控制点。

(2) 测点编号应与仪器的记录点号保持一致。

(3) 所绘制的草图应保管好,作为内业图形绘制编辑的参考依据。

(4) 测点的属性、地形要素的连接关系和逻辑关系等应在作业现场记录清楚。

七、实验报告

每组上交(或每人上交):

(1) 数字化测图数据采集记录表(表 2-22-1)。

(2) 每人上交实验过程照片:扶全站仪的照片、跑尺时的照片、操作仪器的照片、全组合影等。每位同学上交 4 张以上照片。

表 2-22-1　数字化测图数据采集记录表

日期_____年_____月_____日　天气_____组号_____指导老师_____
仪器型号_____仪器编号_____测站_____测站高程_____仪器高程_____
组长_____记录者_____组员_____

目标点	X/m	Y/m	H/m	编码	示意图

实验二十三 数字地图绘制

一、实验目的

(1) 了解数字化成图的主要步骤。
(2) 学会使用 AutoCAD 或测图软件绘制数字地图。

二、实验计划

(1) 实验学时数:2 或 3 学时。
(2) 每个小组由 4 人组成,按实验小组为单位在计算机房进行实验。
(3) 每组根据全站仪采集到的数据绘制一幅地形图。

三、实验仪器

计算机 1 台,AutoCAD 或数字测图软件 1 套。

四、方法步骤(图 2-23-1)

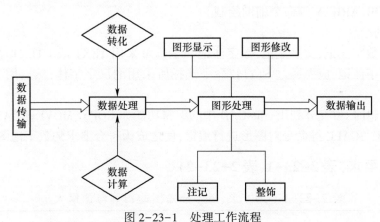

图 2-23-1　处理工作流程

1. 利用数字测图软件进行编码数字化成图

根据全站仪野外数据采集时输入的编码信息,通过专用的数字成图软件,计算机调用相应的线形自动连线成图,或生成非比例符号,并根据地物类别存入相应的图层。主要包括以下步骤:

(1) 将全站仪野外采集的数据文件转换为数字测图软件中定义的格式。
(2) 打开文件后调用数字测图软件的绘图处理功能,进行编辑数字化成图。
(3) 根据现场绘制的草图对软件自主生成的地形图进行编辑和修改。
(4) 进行地形图整饰,形成最终的数字地图图形文件,通过数字绘图仪打印成图。

2. 利用 AutoCAD 成图

在利用键盘输入数据进行数字地图绘制时,首先应调用 AutoCAD 的图层管理功能,按地形图所示划分的地形要素类别,如测量控制点、居民地、工矿企业建筑和公共设施、独立地物、道路及附属设施、水系及附属设施、植被等,分别创建相应的图层,以便将测图的内容进行分层存放,并对各图层的颜色和线型进行设置;然后根据野外采集的地物特征点坐标,用键盘逐点输入,参照数据采集时现场绘制的草图进行连线,编辑成图。

1）依比例符号的绘制

依比例符号主要是一些一般地物的轮廓线,依比例缩小后,图形保持与地面事物相似。这些符号一般是由直线段、曲线段等图形元素组合而成,可以通过 LINE、PLINE、CIRCLE、ARC 等作图命令来绘制这些图形,对地面的植被、耕地等按图示规定须绘制特定的代表性符号均匀分布在地图上相应范围内,可以用填充命令 HATCH 进行绘制。

2）非比例符号的绘制

非比例符号主要是指一些独立的、面积较小,但具有重要意义或不可忽视的地物。非比例符号的特点是仅表示地物中心点的位置,而不表示其大小。对这些符号的处理,可先按图式标准将这些符号在 AutoCAD 中用绘图命令将其绘出;然后用 WBLOCK 命令将其存放在计算机符号库中;最后在成图时,按其位置用 INSERT 命令调用相应的符号名,即可将其绘制在图上。

3）线性符号的绘制

线性符号在地图上表示一些线状物。这些符号的特点是在长度上依比例,在宽度上不依比例。在处理这些符号时,可通过 PLINE、CIRCLE、POINT、ARC 等来绘制这些图形,也可以利用 MIRROR、ARRAY 等命令辅助绘制。

4）注记的绘制

注记分为数字注记、文字注记,数字注记和字母可采用 TEXT 或 DTEXT 等命令进行直接注记。对文字注记,应先通过 STYLE 命令选择所采用的汉字字体,然后用 TEXT 命令进行文字注记。

在图形编辑时,可充分利用 AutoCAD 中的编辑功能如 COPY、MOVE、ERASE、EXTEND、TRIM、ROTATE、SCALE 等命令对图形进行编辑,使之成为符合要求的数字地图。

五、技术要求（表 2-23-1、表 2-23-2）

表 2-23-1　正方形、矩形分幅图的图廓与图幅大小

比例尺	图幅尺寸/（cm×cm）	实地面积/km^2	一幅1:5000地形图所含图幅数	1km^{2}测区的图幅数	图廓坐标值
1:500	50×50	0.0625	64	16	50 的整数倍

表 2-23-2　碎部点间距和最大长度

测图比例尺	地貌点间距/m	最大视距/m	
		地物点	地貌点
1:500	15	40	70

六、注意事项

(1) 数据处理前,要熟悉所采用的软件的工作环境及使用方法。

（2）绘制的数字地图必须符合相应比例尺地形图的图式规定。

七、实验报告

每组上交(或每人上交)：
（1）一份绘制好的数字地图文件或打印好的地图。
（2）每人上交实验过程照片：操作计算机的照片、数字测图的成图照片、全组合影等。每位同学上交4张以上照片。

实验二十四 建筑物轴线测设

一、实验目的

(1) 掌握水平角的测设方法。
(2) 掌握水平距离的测设方法。
(3) 掌握点的平面位置的测设方法。

二、实验计划

(1) 实验学时数:2 学时。
(2) 每个小组由 4 人组成。
(3) 每组完成一长方形建筑物轴线的测设。

三、实验仪器

每个小组的实验器材:DJ_6 型光学经纬仪或 DJ_2 型光学经纬仪 1 台、钢尺 1 把、标杆 1 根、榔头 1 把、木桩和小钉 6 个。

四、基本知识

测设又称为放样,是工程测量最主要的工作之一,它是将设计图纸上建筑物的平面位置和高程,换算为它们之间的水平角、水平距离和高差,然后到实地用测量仪器放样水平角、水平距离和高程的工作。平面点位的测设需要根据现场控制点的分布、地形情况、放样对象的大小、设计提供的条件及精度要求,综合利用测设水平角、水平距离的方法进行施测,常用的方法包括极坐标法、直角坐标法、角度交会法、距离交会法等。

极坐标测绘方法如图 2-24-1 所示,选取某控制点 O 为极点(测站点),其坐标为 $O(x_o, y_o)$,与另一已知点 A 的连线构成的起始方向为极轴(零方向线),起始方位角 α_{OA}。若测设某点 $P(x_P, y_P)$,极坐标法测量实质就是确定 OP 的矢量大小,即

$$S_{OP} = |OP|$$

$$\alpha_{OP} = \arctan \frac{(y_P - y_O)}{(x_P - x_O)}$$

$$\alpha_{OA} = \arctan \frac{(y_A - y_O)}{(x_A - x_O)}$$

则放样角为

$$\beta = \alpha_{OP} - \alpha_{OA}(+360°)$$

式中:若 $\beta<0°$,则计算值需加上 360°。

测设时,在点 O 安置经纬仪,正镜(盘左)0°00′00″瞄准点 A,顺时针转动 β 角,在 OP 方向上量取水平距离 S_{OP},定出点 P;然后倒镜(盘右)按同样方法再定点 P,若两点不重合,取其平均点位即可,这种方法需要两个已知点 O、A 互相通视。

对于建筑物的施工测量。应对总平面图给出的建筑物设计位置进行定位,也就是把建

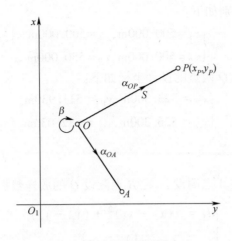

图 2-24-1　极坐标测设方法

筑物的轴线交点标定在地面上,然后根据这些交点进行详细放样。建筑物轴线的测设方法,依施工现场情况和设计条件而不同,一般有以下两种方法:

(1) 根据规划道路红线测设建筑物轴线。规划道路的红线点是城市规划部门所测设的城市带,可以规划用地与单位用地的界址线,新建筑物的设计位置与红线的关系应得到政府规划部门的批准。因此,靠近城市道路的建筑物设计位置应以城市规划道路红线为依据。

(2) 根据已有建筑物关系测设建筑物轴线。在原有建筑群中增造房屋的位置设计时,应保持与原有建筑物的关系。测设设计建筑物轴线时,应根据原有建筑物来定位。

五、方法步骤

1. 控制点布设和设计数据

如图 2-24-2 所示,每组在实验场地上选择相距为 50m 的 A、B 两点,先选一点,打下木桩,每桩在桩顶钉一小钉,作为 A 点。然后选一方向 B',在 AB' 方向上量取 $D_{AB}=50$m,定出 B 点,打入木桩,钉上小钉,D_{AB} 应往返丈量,丈量误差应在 1/3000 以内。

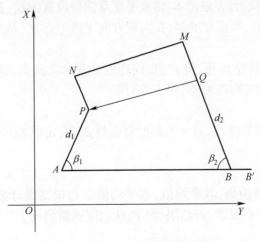

图 2-24-2　建筑物轴线测设

假设 A、B 两点坐标分别如下：

$$\begin{cases} x_A = 500.000\text{m}, y_A = 500.000\text{m} \\ x_B = 500.000\text{m}, y_B = 550.000\text{m} \end{cases}$$

设建筑物 $PQMN$ 的 P、Q 两点的设计坐标如下：

$$\begin{cases} x_P = 523.300\text{m}, y_P = 511.930\text{m} \\ x_Q = 526.300\text{m}, y_Q = 532.030\text{m} \end{cases}$$

建筑物宽度为8m。

2. 测设数据的计算

用极坐标测设时，则在 A 点测设 P、在 B 点测设 Q 的放样数据 d_1、β_1、d_2、β_2 分别如下：

$$\begin{cases} d_1 = \sqrt{(x_P - x_A)^2 + (y_P - y_A)^2} \\ \alpha_{AP} = \arctan\dfrac{(y_P - y_A)}{(x_P - x_A)} \\ \alpha_{AB} = \arctan\dfrac{(y_B - y_A)}{(x_B - x_A)} \\ \beta_1 = \alpha_{AB} - \alpha_{AP} \\ d_2 = \sqrt{(x_Q - x_B)^2 + (y_Q - y_B)^2} \\ \alpha_{BQ} = \arctan\dfrac{(y_Q - y_B)}{(x_Q - x_B)} \\ \alpha_{BA} = \arctan\dfrac{(y_A - y_B)}{(x_A - x_B)} \\ \beta_2 = \alpha_{BQ} - \alpha_{BA} \end{cases}$$

校核数据：$D_{PQ} = \sqrt{(x_Q - x_P)^2 + (y_Q - y_P)^2}$

3. 点位测设

1) P 点测设

先在 A 点架设经纬仪，盘左瞄准 B，将水平度盘读数设置为 β_1，逆时针转动照准部，当水平度盘读数为 $0°00'00''$ 时，固定照准部，在实现方向定出一点 P'，从 A 在 AP' 方向上量取 d_1，打一木桩。

再用盘左在木桩上测设 β_1 角，得 P' 点，同理用盘右测设 β_1 角，得 P''，取 $P'P''$ 的中点 P_1，AP_1 方向上自 A 点量取 d_1，则得 P 点，钉上小钉。

2) Q 点测设

同理，在 B 点上安置经纬仪，自 A 点顺时针测设 β_2 角，定出 BQ 的方向线，在此方向上测设水平距离 d_2，得 Q 点。

3) D_{PQ} 检核

同钢尺往返丈量 PQ 距离，取平均值，该平均值应与根据设计数据所计算的 D_{PQ} 相等。若相差在限差之内，则符合要求；若超限，则 P、Q 点应重新测设。

4) N 点测设

将经纬仪搬至 P 点，瞄准 Q 点，逆时针测设 $90°$ 角，定出 PN 方向，在该方向上量取

8.000m,测得 N 点。

5）M 点测设

同理，将经纬仪搬至 Q 点，瞄准 P 点，顺时针测设 90°角，定出 QM 方向，在该方向上量取 8.000m，则 M 点。

6）D_{MN} 检核

丈量 MN 的距离，所量结果应与根据设计数据所算得的长度一致。

六、技术要求

（1）布设控制点 A、B 时，往返测相对误差应小于 1/3000。

（2）D_{PQ}、D_{MN} 检核时，丈量值与计算值的相对误差应小于 1/3000。

七、注意事项

（1）如何利用实习场地上原有的已知点放样时，放样数据应在实验前先算好，并互相检核无误。

（2）放样过程中上一步检核合格后，才能进行下一步的操作。

八、实验报告

每组上交（或每人上交）：

（1）点位测设记录表（表 2-24-1）。

（2）点位测设检核记录表（表 2-24-2）。

（3）每人上交实验过程照片：扶经纬仪的照片、操作仪器的照片、记录数据的照片、全组合影。每位同学上交 4 张以上照片。

九、练习题

（1）测设点位的方法有_____、_____、_____、_____。

（2）测设的基本工作包括_____、_____、_____。

表 2-24-1　点位测设记录表

日期_____年_____月_____日　天气_____组号_____指导老师_____
仪器型号_____仪器编号_____施测区域_____
组长_____记录者_____组员_____
已知点坐标_____测站高程_____坐标_____仪器高程_____

边名	坐标值				水平距离/m	方位角/(° ′ ″)	水平角/(° ′ ″)
	x_1/m	y_1/m	x_2/m	y_2/m			

表 2-24-2　点位测设检核记录表

边名	设计边长/m	丈量边长/m	相对误差/m

实验二十五　高程测设与坡度线测设

一、实验目的

(1) 掌握已知高程的测设方法。
(2) 掌握已知坡度线的测设方法。

二、实验计划

(1) 实验学时数:2 学时。
(2) 每个小组由 4 人组成。
(3) 每组测设一条已知坡度的坡度线。

三、实验仪器

每个小组的实验器材:DS_3 水准仪 1 把、皮尺 1 把、榔头 1 把、木桩 10 个、脚架 1 个、计算器 1 个。

四、方法步骤

1. 选点

在试验场地上选择相距为 80m 的点 A、B。先选一点 A,打上木桩;然后选一方向,在此方向上量取 80m,定出 B 点。

假定 A 点桩顶高程为 H_A = 20.000m,AB 的坡度为 −1%,要求在 AB 方向上每隔 10m 定出一点,使各桩点高程在同一坡度线上,则 B 点高程为 $H_B = H_A + i_{ab}D_{ab} = 20000 − 1\% × 80 =$ 19.200m。

2. B 点高程测设

(1) 在 A、B 两点之间安置水准仪,在 A 桩上立水准尺,读取 A 尺读数 a,仪器高程为 $H_i = H_A + a$。

(2) 将水准尺靠在 B 桩侧面,上下移动水准尺,当水准仪在 B 尺上读数正好为 $b = H_i − H_B$ 时,固定水准尺,紧靠尺底在 B 桩侧面画一横线,此横线的高程为设计高程 H_B。

如要使用 B 桩桩顶高程为 H_B,则将水准尺立于 B 桩顶上,用逐渐打入法将 B 桩打入土中,直到 B 尺读数等于 b 时为止,此时桩顶高程为设计高程。

(3) 将水准尺尺底置于 B 点设计高程位置,观测 AB 高差,观测值与设计值之差应在限差之内,如图 2-25-1 所示。

3. AB 坡度线测设

坡度线的测设就是在地面上定出一条直线,其坡度值等于已给定的设计坡度。在交通线路工程、排水管道施工和铺设地下管线等项工作中经常涉及该问题。

首先将水准仪安置于 A 点,并使水准仪基座上的一只脚螺旋固在 AB 方向上,另两只脚螺旋的连线与 AB 方向垂直;然后量取仪高 i,用望远镜瞄准立于 B 点的水准尺,调整在 AB 方向上的脚螺旋,使十字丝的中丝在水准尺上的读数为仪器高 i,这时仪器的视线平行于所

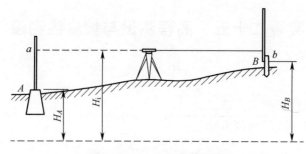

图 2-25-1　B 点高程测设

设计的坡度线；最后在 AB 中间每隔 10m 定出 1,2,3…各点，打入木桩，在各点的桩上立水准尺，只要各点读数为 i，则尺子底部位于设计坡度线上，如图 2-25-2 所示。

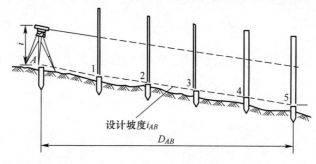

图 2-25-2　AB 坡度线测设

五、技术要求

高程检核时，观测高差与设计高差不应超过 5mm。

六、注意事项

(1) 测设高程时，每次读数前均应使气泡严格符合要求。

(2) 在测设各桩顶高程过程中，当打入木桩接近设计高程时应慢速打入，以免打入过头。

七、实验报告

每组上交(或每人上交)：

(1) 高程测设记录表(表 2-25-1)。

(2) 每人上交实验过程照片：扶水准仪的照片、操作仪器的照片、记录数据的照片、全组合影等。每位同学上交 4 张以上照片。

八、练习题

(1) 设 A 为已知点，B 为未知点，则仪器视线高程为 A 点高程加上(　　)。

A. A 尺读数　　B. B 尺读数　　C. AB 的高差　　D. BA 的高差

（2）坡度是地面上两点间的_____与_____的比值。

表 2-25-1 高程测设记录表

日期_____年_____月_____日 天气_____组号_____指导老师_____
仪器型号_____仪器编号_____施测区域_____
组长_____记录者_____组员_____
已知点坐标_____测站高程_____坐标_____仪器高程_____

水准点号	水准点高程/m	后视读数/m	视线高程/m	测设点号	设计高程/m	前视应读数/m	备注

实验二十六　圆曲线测设

一、实验目的

(1) 掌握圆曲线主点的测设方法。
(2) 掌握圆曲线主点的计算方法。
(3) 了解圆曲线测设的基本要求方法。

二、实验计划

(1) 实验学时数:2学时。
(2) 每个小组由4人组成。
(3) 每组测设一条已知坡度的坡度线。

三、实验仪器

DJ_6型光学经纬仪或DJ_2型光学经纬仪1台、钢尺1把、标杆6~8根、标杆架2个、测针10根、榔头1把、木桩10根、小钉10根。

四、圆曲线测设的方法步骤

路线平面线形中的平曲线一般由圆曲线和缓和曲线组成。对于四级公路或当圆曲线的半径大于等于不设超高的最小半径时,平曲线可以只设圆曲线。圆曲线测设一般分两步进行:第一步,先测设对圆曲线起控制作用的主点桩,即圆曲线的直圆点(ZY)、曲中点(QZ)和圆直点(YZ);第二步,在主点桩之间进行加密,按规定桩距测设圆曲线的其他点,称为圆曲线的详细测设。

(1) 在实验场地上选定3点A、JD、B,如图2-26-1所示。以TD作为路线交点,AJD、JDB作为两个方向,JD距A、B的距离大于40m转角,转折角$β≈120°$。在3点上打上木桩,钉上小钉。

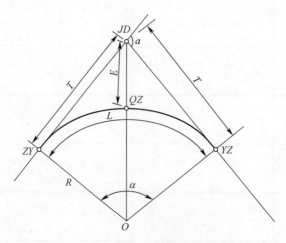

图2-26-1　圆曲线

（2）转向角的测定。在 JD 安置经纬仪,用测绘法一测回测出转折角 β,则线路的转向角 $\alpha=180°-\beta$。

（3）圆曲线的主点包括圆曲线的起点 ZY、圆曲线的中点 QZ 和圆曲线的终点 YZ。

① 主点测设元素的计算。圆曲线的主点测设元素有切线长 T、曲线长 L、外矢距 E 及切曲差 D。这些主点测设元素均可根据路线的转向角 α 及圆曲线半径 R 计算而得,其公式为

$$\begin{cases} T = \tan(\alpha/2) \\ L = \pi\alpha R/180° \\ E = R\sec(\alpha/2) - R \\ D = 2T - L \end{cases}$$

② 主点桩号计算。圆曲线上各主点的桩号根据交点的桩号来推算,其公式为

$$\begin{cases} ZY\text{桩号} = JD\text{桩号} - T \\ QZ\text{桩号} = ZY\text{桩号} + L/2 \\ YZ\text{桩号} = QZ\text{桩号} + L/2 \end{cases}$$

可用公式:YZ 桩号=JD 桩号+T- D,进行检验计算是否正确。

③ 主点的测设。

圆曲线的主点测设元素求出后,可按如下步骤测设圆曲线的主点:

第一,测设圆曲线起点(ZY)。在交点 JD 安置经纬仪后视相邻交点方向,自 JD 沿该方向量取切线长 T,在地面标定出圆曲线起点 ZY。

第二,测设圆曲线终点(YZ)。在 JD 用经纬仪前视相邻交点方向,自 JD 沿该方向量取切线长 T,在地面标定出曲线终点 YZ。

第三,测设圆曲线中点(QZ)。先在 JD 点用经纬仪后视 ZY 点方向(或前视 YZ 点方向),测设水平角$(180°-\alpha)/2$,定出路线转折角的分角线方向(曲线中点方向);然后沿该方向量取外矢距 E,在地面标定出圆曲线中点 QZ。

五、圆曲线的详细测设

1. 圆曲线测设的基本要求

在圆曲线测设时,设置圆曲线的主点桩及地形、地物等加桩;当圆曲线较长时,应按曲线上中桩间距的规定(表 2-26-1)进行加桩,即进行圆曲线的详细测设。

表 2-26-1 中桩间距表

直线/m		曲线/m			
平原微丘区	山岭重丘区	不设超高的曲线	$R>60$	$60 \geqslant R \geqslant 30$	$R<30$
$\leqslant 50$	$\leqslant 25$	25	20	10	5

按桩距 l 在曲线上设桩,通常有两种方法:

（1）整桩号方法。将曲线上靠近曲线起点的第一个桩凑成为 l_0 倍数的整桩号,然后按桩距 l 连续向曲线终点设桩。这样设置的桩均为整桩号。中线测量一般均采用整桩号方法。

（2）整桩距方法。从曲线起点和终点开始,分别以桩距 l_0 连续向曲线中点设桩,或从曲线的起点,按桩距 l 设桩至终点。由于这样设置的桩均为零桩号,因此应注意加设百米桩

和千米桩。

2. 圆曲线详细测设方法

（1）切线支距方法。切线支距方法是以圆曲线的起点 ZY 或终点 YZ 为坐标原点，以切线为 x 轴，过原点的半径方向为 y 轴，建立直角坐标。按曲线上各点坐标 x、y 设置曲线。

（2）偏角方法。偏角方法是以圆曲线起点 ZY 或终点 YZ 至曲线任一待定点 P 的弦，弦与切线 T 之间的弦切线角（偏角）和弦长来确定 P 点的位置。

六、精度要求

（1）角度计算至值″。

（2）长度可计算至厘米。

（3）由测设细部点时测设的 YZ 点，应与测设圆曲线主点所定的点重合。若不重合，则闭合差不得超过规定：半径方向（横向）小于 ±0.1m；切线方向（纵向）小于 ±L/1000（L 为曲线长）。

七、实验报告

每组上交（或每人上交）：

（1）水平角观测记录表（表 2-26-2）。

（2）圆曲线主点测设元素及主点桩号计算表（表 2-26-2）。

（3）偏角法测设圆曲线设计数据计算表（表 2-26-4）。

（4）每人上交实验过程照片：扶经纬仪的照片、操作仪器的照片、记录数据的照片、全组合影等。每位同学上交 4 张以上照片。

表 2-26-2 水平角观测记录表

日期_____年_____月_____日 天气_____组号_____指导老师_____
仪器型号_____仪器编号_____施测区域_____
组长_____记录者_____组员_____

测站	目标	竖盘位置	水平盘读数/ (° ′ ″)	半测回角值/ (° ′ ″)	一测回角值/ (° ′ ″)	备注
		左				
		右				
		左				
		右				

表 2-26-3　圆曲线主点测设元素及主点桩号计算表

交点桩号	
转折角	
转向角 α	
圆曲线半径 R	（m）
切线长 $T=R\tan(\alpha/2)$	（m）
曲线长 $L=\pi\alpha R/180°$	（m）
外矢距 $E=R\sec(\alpha/2)-R$	（m）
切线差 $D=2T-L$	（m）
圆曲线起点 ZY 桩号 = JD 桩号 $-T$	
圆曲线中点 QZ 桩号 = ZY 桩号 $+L/2$	
圆曲线终点 YZ 桩号 = QZ 桩号 $+L/2$	
检核 YZ 桩号 = JD 桩号 $+T-D$	

表 2-26-4　偏角法测设圆曲线设计数据计算表

曲线桩号	相邻桩点间弧长/m	偏角值/(°′″)	相邻点间弦长/m

实验二十七　断面测量

一、实验目的

（1）掌握纵断面测量方法。
（2）掌握横断面测量方法。

二、实验计划

（1）实验学时数：4 学时。
（2）每个小组由 4 人组成。
（3）每组完成 1 个纵断面测量。
（4）每组完成 2 个横断面测量。

三、实验仪器

每个小组的实验器材：DS_3 型水准仪 1 台、水准尺 2 把、尺垫 2 个、皮尺 1 把、榔头 1 把、木桩 12 个、方向架 1 个。

四、方法步骤

在实验场地上选择一长约 300m 的路线，用皮尺量距，每隔 50m 打一木桩，并在坡度与方向变化处打入加桩。设起点桩的桩号为 0+000，定出其他各桩的桩号，并标注在各木桩上。

在路线起点附近选一固定点或打入木桩，用该点作为已知水准点，设其高程为 20.000m。

1. 纵断面测量
1）观测

选择一适当位置安置水准仪，后视水准点，设一转点 TP_1 后，先前视 TP_1，最后中间视 0+000，0+050，…中桩点。

以上第 1 站观测完成后，将水准仪搬至第 2 站，先后视 TP_1，然后前视 TP_2，最后中间视其他桩点。用同样的方法向前测量，直到线路终点。

从终点测回到水准点，以此作为检核，此时可不观测各中间点。

2）记录计算

将观测数据记录在纵断面测量记录表（表 2-27-1）中，计算闭合差 f_h。如 f_h 在容许用合差之内，则按以下公式计算各桩点高程，否则需要重测。

$$\begin{cases} 视线高程 = 后视点高程 + 后视读数 \\ 转点高程 = 视线高程 - 前视读数 \\ 中视读数 = 中桩高程 - 视线高程 \end{cases}$$

2. 横断面测量
1）观测

每组选 2 个中桩进行横断面测量。第一，用方向架确定出线路中线的垂直方向（横断面方向）。第二，用皮尺量取左、右各 20m，在两侧各坡度变化处立尺。第三，先用水准仪后视中桩点,前视其他各立尺点,再用皮尺量取各立尺点间距。

2) 记录计算

将各观测数据记录在横断面测量记录表(表 2 27-2)中,并算出各点高程。

3. 纵断面图绘制

选择水平距离比例尺 1∶2000,高程比例尺 1∶200,将外业所测量各点坐标画在纵断面图上,依次连接各点得线路 I 中线的地面线,如图 2-27-1 所示。

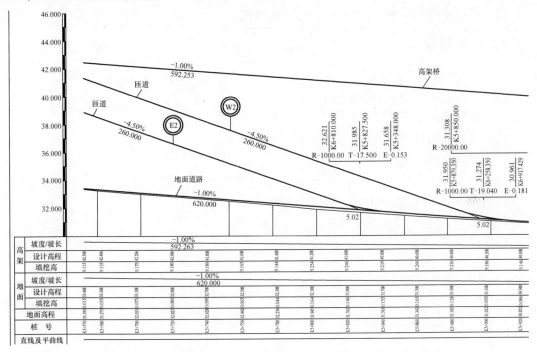

图 2-27-1　线路中线的地面线

4. 横断面图绘制

选择水平距离比例尺和高程比例尺均为 1∶200,绘出各横断面图,如图 2-27-2 所示。

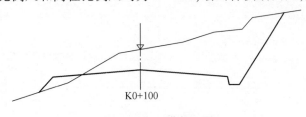

图 2-27-2　横断面图

五、技术要求

(1) 纵断面水准测量的高差容许闭合差为 $f_{h容}=\pm 50\sqrt{L}$ mm,其中:L 为路线长度(km)。

(2) 纵断面测量时,前、后视读数精确至毫米,中间视读数精确至厘米。

(3) 横断面测量时,读数精确至厘米,水平距离量至 0.1m。

六、注意事项

(1) 读中视读数时,因无检核所以应仔细认真,防止出错。

(2) 在线路纵断面测量中,各中桩的高程精度要求不是很高(读数只需精确至厘米),因此在线路高差闭合差符合要求的情况下,可不进行高差闭合差的调整,而直接计算各中桩的地面高程。

(3) 绘制横断面图时,应分清左、右,防止出错。

七、实验报告

每组上交(或每人上交):

(1) 纵断面测量记录表(表2-27-1)。

(2) 纵断面图1张。

(3) 横断面测量记录表(表2-27-2)。

(4) 横断面图2张。

(5) 每人上交实验过程照片:扶水准仪、水准尺的照片、操作仪器的照片、记录数据的照片、全组合影等。每位同学上交4张以上照片。

表 2-27-1　纵断面测量记录表

日期_____年_____月_____日　天气_____组号_____指导老师_____
仪器型号_____仪器编号_____施测区域_____
组长_____记录者_____组员_____

测站	点号	后视读数/m	中视读数/m	前视读数/m	前后视高差/m	视线高程/m	测点高程/m	备注

表 2-27-2　横断面测量记录表

日期_____年_____月_____日　天气_____组号_____指导老师_____
仪器型号_____仪器编号_____施测区域_____
组长_____记录者_____组员_____

测站	地形点距中桩距离/m	后视读数/m	前视读数/m	中视读数/m	视线高程/m	高程/m	备注

实验二十八　GPS 接收机的认识与使用

一、实验目的

(1) 熟悉普通大型静态 GPS 接收机各个部件的名称、功能和作用。
(2) 掌握 GPS 接收机的操作。
(3) 了解 GPS 静态相对定位作业方案。
(4) 了解 GPS 观测数据在计算机上的处理过程。

二、实验要求

(1) 操作前,认真学习相关章节的内容。
(2) 掌握接收机上显示面板的使用。
(3) 掌握接收机在测站上的设置方法。

三、实验计划

(1) 实验学时数:2 课时。
(2) 以小组形式进行实验,每个小组可由 4~6 人组成。
(3) 小组成员轮流操作,全方面熟悉实验。
(4) 每组的 GPS 数据传输到计算机后统一进行解算。

四、实验仪器

每组实验器材:静态 GPS 接收机 1 套(3 台)、对点器基座 3 套、三脚架 3 副、数据传输电缆 1 根、数据处理软件光盘 1 张(包含数据传输软件、基线解算软件、网络平差和坐标转换软件)、计算机 1 台。

五、方法步骤

1. GPS 接收机的认识

GPS 接收机是接收全球定位系统卫星信号并确定地面空间位置的仪器。GPS 卫星发送的导航定位信号,是一种可供无数用户共享的信息资源。对于陆地、海洋和空间的广大用户,只需拥有 GPS 信号接收机,就能够接收、跟踪、变换和测量 GPS 信号。

GPS 接收机的组成单元主要包括主机、天线和电源三部分,目前大多数仪器厂家采用将主机、天线和电源整合在一起的一体化 GPS 主机结构。各种 GPS 接收机的外形、体积、质量、性能有所不同。图 2-28-1 所示为 Trimble 4600LS 型 GPS 接收机,它采用了内置天线,工作时采用内置 4 节二号干电池。接收机面板上有 1 个开关键和 3 个指示灯(电源状态指示灯、数据记录状况指示灯和卫星状况指示灯)。

2. GPS 接收机的使用

GPS 接收机的使用应在指导教师演示后进行。
(1) 在测区给定的 3 个测点上分别架设三脚架,将基座安装在三脚架的架头上,对中、整平,然后将 GPS 接收机安装在基座上并锁紧。

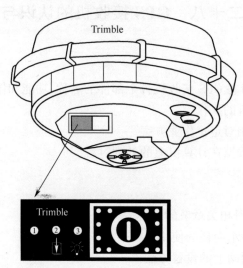

1—电源状态指示灯;2—数据记录状态指示灯;3—卫星状况指示灯。
图 2-28-1 Trimble 4600LS 型 GPS 接收机

用光学对中器进行对中和整平的步骤如下:
① 粗对中:固定三脚架一条腿,移动两条腿。
② 精对中:调脚螺旋。
③ 粗平:升降三脚架使圆水准器气泡居中。
④ 精平:调脚螺旋(旋转水准管至平行两个脚螺旋方向,调该两个脚螺旋,使水准管气泡居中,旋转 90°使水准管垂直该两个脚螺旋方向,调第 3 个脚螺旋,使水准管气泡居中。检查任何方向气泡居中)。
⑤ 检查对中,如发现不对中,则平移基座至对中。
⑥ 反复进行上述操作,直到对中和整平都满足要求。

(2) 首次测量天线高。对备有与仪器配套的测量高程专用钢尺的接收机,可直接测量地面标志点的顶部至接收机天线边缘的指定量取位置之间的高差。若没有专用量高钢尺,则需要对测量到的斜高进行修正。

(3) 启动 GPS 接收机,进行卫星的自动搜索和数据采集。

(4) 当 3 台接收机连续同步采集时间长度为 40min 后,退出数据采集,关闭接收机。

(5) 再次测量天线高,记录测站的点号、天线高、接收机编号和观测时间,然后将接收机、基座等收好。

(6) 在计算机上安装数据处理软件。

(7) 将接收机记录的数据文件复制到计算机中,进行基线解算和平差处理后输出处理成果,打印结果报告。

六、技术要求

(1) 观测前后两次天线高测量结果之差应不大于 3mm。

(2) 3台接收机连续同步采集时间长度不少于40min。
(3) 天线高的测量读数精确到1mm。

七、注意事项

(1) 使用时仪器注意防潮、防水。
(2) 不要摔打、敲击或者剧烈震动GPS接收机,避免损坏电子器件。
(3) 使用质量比较好的电池。
(4) GPS接收机后面板的电源接口具有方向性,接电缆线时注意红点对红点拔插,千万不能旋转插头。
(5) 接收机安置在比较宽阔的点位上,视场内周围障碍物的高度角应不大于15°。
(6) 测量期间不允许对接收机进行关闭又重新启动。

八、实验报告

每组上交(或每人上交):
(1) GPS测量记录表(表2-28-1)。
(2) 每人上交实验过程照片:操作仪器的照片、记录数据的照片、全组合影等。每位同学上交4张以上照片。

九、练习题

(1) GPS观测时,周围障碍物的高度角应不大于_____。
(2) 按用户接收机在作业中所处的状态可将GPS定位模式分为_____和_____,按参考点的不同位置可将GPS定位模式分为_____和_____。

表 2-28-1 GPS 测量记录表

日期_____年_____月_____日　天气_____组号_____指导老师_____
仪器型号_____仪器编号_____施测区域_____
组长_____记录者_____组员_____

点号	仪器编号	测前天线高/m	测后天线高/m	平均天线高/m	开始记录时间	结束记录时间	X/m	Y/m	Z/m

实验二十九　GPS-RTK 碎部测量与放样

一、实验目的

（1）了解 GPS-RTK 系统组成及其外业测量的基本原理与作业过程。
（2）了解 GPS-RTK 测量前的参数校正工作。
（3）了解利用 GPS-RTK 进行碎部测量的方法。
（4）了解利用 GPS-RTK 进行放样的方法。

二、实验计划

（1）实验时学数：2 或 3 学时。
（2）实验分小组完成，每个小组 4 人。
（3）每组完成一次参考站设置并测量 4 个碎部点坐标。
（4）每组放样 4 个已知坐标点。

三、实验仪器

每个小组的实验仪器包括基准站仪器和流动站仪器。
（1）基准站仪器：双频 GPS-RTK 接收机套件、数据发送电台套件、电源。
（2）流动站仪器：双频 GPS-RTK 接收机套件、数据接收电台套件、电源、手持控制器、对中杆。

四、实验步骤

1. 设置基准站

将基准站架设在上空开阔，没有强电器干扰，多路径影响小的控制点上，正确连接好各仪器电缆，打开各仪器。将基准站设置为动态测量模式。

具体操作如下：

1）打开手簿电源和基准站接收机电源，进入主菜单选择

开始测量→转到基站菜单。

2）设置仪器

（1）蓝牙连接（也可以电缆连接）。仪器→基站连接→连接到基站→GS 10/15（点击搜寻，选择相应仪器号）→完成。

（2）电台连接。仪器→基站连接→其他所有连接→基站 RTK1→单击"编辑"→勾选"发送 RTK 基站信息"→连接时使用"端口 2"→单击"设备"→选择电台"Satel 3AS（GFU14）"→确定→RTK 数据格式"Leica"→确定→确定（返回基站菜单）。

3）设置基站

基站设置有 3 种方式，分别为架设在已知点、任意点和上次设站点。

（1）架设在已知点。基站必须架设在已知 WCS84 坐标的点上，在设站前必须先建立好项目、坐标系统，输入控制点数据。

(2)架设在任意点。基站仪器设置完了就进入设站,开始测量→选择"在任意点上"→输入基站的天线高度→天线选择→输入设站点点号。基准站设置完成切换到流动站。

该种方式适用于大多数情况,即不知道基准点的 WGS84 坐标,只有两个以上控制点的地方坐标的情况,GPS 可以根据测量已知地方坐标的控制点解算坐标系统。如果基准站变动了,就必须重新求解坐标系统。

(3)架设在上次设站点。适合上述任意点设站情况,第一天基站如果设在一个任意点,第二天还架设在那个位置的情况,这时候只需要改动天线高即可。

注意:这种情况设站的时候使用的手簿必须是上次设站的手簿。

2. 设置流动站

将流动站主机、手簿、对中杆连接好。

具体操作如下:

(1)蓝牙连接(也可以电缆连接)。开启流动站手簿进入主菜单:仪器→仪器连接→GS 连接向导→选择 GS10/15→选择蓝牙→下一步(选择相应的仪器号)→完成。

(2)电台连接。从流动站菜单选择:仪器→仪器连接→所有其他连接(换页)→接收机连接→RTK 流动站(单击"编辑")→勾选"接受 RTK 数据"→连接时使用"CS 端口3"→单击"设备"→选择"电台"选项卡→选择 Satel TA10(SLR2)→RTK 数据格式"leica"→确认→单击"控制"(选择对应的通道和基准站对应:基准站和流动站通道差一位,即基准站是"0"、流动站对应"1"→确定)→确定(回到主菜单)。

3. 定义坐标系统

新建一个工程,即新建一个文件夹,并在文件夹里设置测量参数。这个文件夹包括许多小文件,它们分别是测量的结果文件和各种参数设置文件,如 *.dat、*.cot、*.rtk、*.ini 等格式。首次测量时,如不知道坐标系统,就需要根据控制点的地方坐标求解坐标系统。

具体操作如下:

(1)测量控制点坐标。流动站设置好了后,到至少两个控制点位置分别测量控制点坐标,保存到手簿里面。从流动站主菜单中选择开始测量→测量→输入点号,天线高→单击观测→测量精度满足要求后单击停止→单击保存。

(2)建立坐标系统。可以采用一步法、经典三维法等方法建立坐标系统。一步法适用小于 10km×10km 的区域,经典三维法可用于任何区域。

4. 流动站测量

(1)单点测量。在主菜单上先选择"测量"图标打开,测量方式选择"RTK",再选择"测量点"选项,即可进行单点测量。注意要在"固定解"状态下,才开始测量。单点测量观测时间的长短与跟踪的卫星数量、卫星图形精度、观测精度要求等有关。当"存储"功能键出现时,若满足要求则按"存储"键保存观测值,否则按"取消"放弃观测。

(2)放样测量。在进行放样之前,根据需要"键入"放样的点、直线、曲线、DTM 道路等各项放样数据。当初始化完成后,在主菜单上选择"测量"图标打开,测量方式选择"RTK",再选择"放样"选项,即可进行放样测量作业。在作业时,在手簿控制器上显示箭头及目前位置到放样点的方位和水平距离,观测者只需根据箭头的指示放样。当流动站距离放样点距离小于设定值时,手簿上显示同心圆和十字丝分别表示放样点位置和天线中心位置。当流动站天线整平后,十字丝与同心圆圆心重合时,可以按"测量"键对该放样点进行实测,并保存观测值。

五、技术要求

1. 基准站要求

作为路线定线测量,基准站的安置是顺利实施实时动态定位(RTK)测量的关键之一,所以基准站的点位选择必须严格。因为基准站接收机每次卫星信号失锁将会影响网络内所有流动站的正常工作。

(1) 基准站 GPS 天线周围无高度超过 15°的障碍物阻挡卫星信号,周围无信号反射物(大面积水域、大型建筑物等),以减少多路径干扰,并要尽量避开交通要道、过往行人的干扰。

(2) 基准站要远离微波塔、通信塔等大型电磁发射源 200m 外,要远离高压输电线路、通信线路 50m 外。

(3) 基准站应选在地势相对高的地方,如建筑物屋顶、山头等,以利于 GPS 电台的作用距离。

(4) 基准站连接必须正确注意电池的正负极(红正黑负)。RTK 作业期间,基准站不允许移动或关机重新启动。若重启动后,则必须重新校正。

(5) 确认输入正确的控制点三维坐标。

2. 流动站要求

(1) 在 RTK 作业前,应首先检查仪器内存容量能否满足工作需要,并备足电源。

(2) 要确保手簿与主机连通。

(3) 为了保证 RTK 的高精度,最好有 3 个以上平面坐标已知点进行校正,而且点精度要均等,并要均匀分布于测区周围,以便计算坐标转换参数,供线路定测工作需要。

(4) 流动站一般采用默认 2m 流动杆作业,当高度不同时,应修正此值。

六、实验报告

每组上交(或每人上交)实验报告包括:

(1) 实际操作步骤。

(2) 实验过程问题

(3) GPS-RTK 碎部测量记录表(表 2-29-1)。

(4) GPS-RTK 工程放样记录表(表 2-29-2)。

(5) 每人上交实验过程照片:操作仪器的照片、记录数据的照片、全组合影等。每位同学上交 4 张以上照片。

表 2-29-1　GPS-RTK 碎部测量记录表

日期_____年_____月_____日　天气_____组号_____指导老师_____
仪器型号_____仪器编号_____施测区域_____
组长_____记录者_____组员_____

参考站	$X=$	$Y=$	$H=$	天线高 $=$
流动站	X/m	Y/m	H/m	天线高/m

表 2-29-2　GPS-RTK 工程放样记录表

日期_____年_____月_____日　天气_____组号_____指导老师_____
仪器型号_____仪器编号_____施测区域_____
组长_____记录者_____组员_____

点号	已知坐标值		测设坐标值		坐标差		测设略图
	x/m	y/m	X'/m	Y'/m	Δx/mm	Δy/mm	

实验三十　闭合图根导线测量

一、实验目的

（1）熟悉全站仪的使用方法。
（2）掌握闭合图根导线的测量方法。
（3）掌握导线内业的计算方法。

二、实验计划

（1）实验学时数：2学时。
（2）每个小组由4人组成。
（3）每组测量一个具有4或5个点的闭合图根导线。利用课余时间进行导线的内业计算。

三、实验仪器

每组实验器材全站仪1台、三脚架1个、棱镜及对中杆1副、花杆1个等。

四、方法步骤

1. 选点

在正常情况下导线测量选点应该遵循以下原则：
（1）相邻导线点间要互相通视，便于角度观测和距离测量。
（2）导线点应选在土质坚实处，便于保存。
（3）导线点应选在地势较高视野开阔处，便于测绘周围地形。
（4）导线各边的边长宜大致相等。
（5）整个测区内导线点的分布应均匀，密度要适中。

在选好点做好标记后还应该对每一导线点作点标记，如图2-30-1所示（学生在实验时此项工作不需要做）。由于校园环境比较好，所以在选点时重点注意导线点间通视情况良好，以及点位对于仪器及人员安全的影响。建立标志时只需在地面用记号笔做出相应的标记即可。

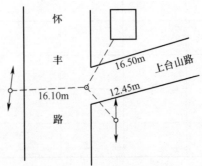

图2-30-1　选点做、标记点

2. 测量

（1）边长测量。用全站仪测定导线的边长，对于图根导线，只需用测距仪测一个测回（盘左盘右各一次）即可满足精度要求；对于一至三级导线，应在两端各测一个测回。

（2）角度观测。导线转折角有左角和右角之分，一般多观测前进方向左侧的折角，即左角。对闭合导线既要测内角，又要测连接角，按测回法施测。

3. 内业计算

一般单一图根导线采用简单平差的方法来计算。

（1）绘制计算草图，在图上填写已知数据和观测数据，如图 2-30-2 所示。

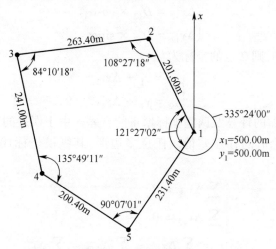

图 2-30-2 计算草图

（2）角度闭合差的计算与调整。

① 计算角度闭合差。

多边形的内角和为

$$\sum \beta_{理} = (n-2) \times 180°$$

设实测的多边形的内角和为 $\sum \beta_{测}$。由于观测误差的存在，实测值与理论值之差称之为角度闭合差，以 f_β 表示，有

$$f_\beta = \sum \beta_{测} - \sum \beta_{理}$$

《工程测量规范》(GB 50026—2020) 规定：

$$f_{\beta容} = \pm 40'' \sqrt{n}$$

式中：n 为多边形的内角个数。

当 $f_\beta > f_{\beta容}$ 时，超限，数据不符合要求，分析原因后返工。

当 $f_\beta \leq f_{\beta容}$ 时，符合规范要求，可进行闭合差调整。

② 调整的原则。

由于角度观测是等精度观测，故角度闭合差调整采取平均分配的原则，将 f_β 反符号平均分配到各个观测值中，即

$$V_\beta = -f_\beta / n$$

式中：V_β 为观测角度的改正数；n 为角度的个数。

计算时，改正数取至"″"位，不能整除时，将余数凑整，分配到短边夹角上，为保证 $\sum \beta_{测} = \sum \beta_{理}$ 的要求：

$$\sum V_\beta = -f_\beta$$

(3) 推算方位角。

对于观测角为左角的闭合导线,有
$$\alpha_{前} = \alpha_{后} + 180° - \beta_{右}$$

对于观测角为右角的闭合导线,有
$$\alpha_{前} = \alpha_{后} - 180° + \beta_{左}$$

计算出来的方位角大于 360°时要减掉 360°,为负值时要加上 360°。

(4) 坐标计算。

① 坐标增量计算:
$$\begin{cases} \Delta x_{12} = D_{12} \times \cos\alpha_{12} \\ \Delta y_{12} = D_{12} \times \sin\alpha_{12} \end{cases}$$

若 1 点的坐标已知,则 2 点的坐标为
$$\begin{cases} x_2 = x_1 + \Delta x_{12} \\ y_2 = y_1 + \Delta y_{12} \end{cases}$$

② 坐标增量闭合差的计算及调整坐标增量闭合差。由于误差的存在,所以观测值计算坐标增量代数和及理论值的存在差值。任意多边形,其纵横坐标代数和在理论上应等于零,即

$$\begin{cases} \sum \Delta x_{理} = 0 \\ \sum \Delta y_{理} = 0 \\ f_x = \sum \Delta x_{计} - \sum \Delta x_{理} = \sum \Delta x_{计} \\ f_y = \sum \Delta y_{计} - \sum \Delta y_{理} = \sum \Delta y_{计} \end{cases}$$

导线全长闭合差:
$$f = \sqrt{f_x^2 + f_y^2}$$

导线越长,f 值将相应增大,绝对量不能作为衡量导线精度的标准,通常用导线全长相对误差 K 表示:

$$K = f/\sum D = 1/N$$

式中:$\sum D$ 为导线边全长,一般取 $K \leqslant 1/2000$。

增量闭合差的调整原则:以相反的符号与边长成正比例分配到各边增量。

$$\begin{cases} V_{xi} = -(f_x/\sum D) \times D_i \\ V_{yi} = -(f_y/\sum D) \times D_i \end{cases}$$

改正数计算至增量计算时的最后一位(厘米或毫米),经过改正后的增量总和应该与理论值相等。

③ 导线点坐标推算。由起始点的坐标,用调整后的坐标增量值依次推算各点的坐标。为了检查推算过程是否出现误差,应由起点推算到终点后再继续推算起点坐标,与已知的坐标相等。

五、实验报告

每组上交(或每人上交)实验报告包括:

（1）实际操作步骤。

（2）实验过程问题。

（3）图根导线记录表及图根导线计算表（表2-30-1、表2-30-2）

（4）每人上交实验过程照片：扶全站仪、三脚架的照片、操作仪器的照片、记录数据的照片、全组合影等。每位同学上交4张以上照片。

表 2-30-1 图根导线计算表

日期_____年_____月_____日 天气_____组号_____指导老师_____
仪器型号_____仪器编号_____施测区域_____
组长_____记录者_____组员_____第___页共___页

测站	度盘位置	目标	水平度盘读数/ (° ′ ″)	半测回角值/ (° ′ ″)	一测回角值/ (° ′ ″)	边长/m		备注
						半测回边长	平均边长	

表 2-30-2　图根导线记录表

日期_____年_____月_____日　天气_____组号_____指导老师_____
组长_____记录者_____组员_____

点号	转折角	改正后转折角	方位角	边长	坐标增量		改增后坐标增量		坐标		点号
					Δx	Δy	Δx	Δy	x	y	
Σ											

第三部分　测　量　实　习

　　测量实习是在课堂教学结束之后进行的综合教学环节之一,是各项课间实验的综合应用,也是加深、巩固课堂所学知识的重要实践性环节。

　　测量实习是有关专业整个教学计划的组成部分,通常单独作为一门课程开设。测量课堂教学与课间实验是测量实习的先修课程,只有测量学或工程测量成绩考核合格者,才能进行测量实习。

　　通过测量实习,可使学生进一步了解基本测绘工作的实践过程,系统地掌握测量作业的操作、记录、计算、地形图测绘、施工放样等基本技能,并进一步培养学生动手能力及发现问题、解决问题的能力,为以后运用测绘知识解决工程建设中有关问题打下基础。

　　本测量实习的计划中有些内容是基本实习,有些是结合各专业设计的,因此实习时可根据教学大纲、实习时间长短及专业情况灵活选择。学生应在指导教师指导下,完成相应测量实习任务。

一、实习目的

　　(1) 要求能够应用掌握测量学基本理论和使用当代最基本的测量仪器(如水准仪,经纬仪,罗盘仪,全站仪等),从而完成规定的测量实习中的任务。

　　(2) 通过测量实习,要求能够应用所学到的关于控制测量的理论,进行图根点平面控制测量,能使用水准仪进行高程控制测量。

　　(3) 要求能够应用地形图测绘的理论,进行野地地理空间信息的采集和测绘地形图工作,为以后在交通工程专业的应用上打好基础。

　　(4) 要求能应用所学到的道路勘测与设计的基本理论,完成一定数量道路野外勘测和内业设计工作。

　　(5) 要求能应用工程施工与放样的基本理论,完成工程图施工放样。

二、实习计划

　　(1) 实习时间。

　　××周,周一至周五,上午8:00-11:30,下午4:00-5:30外业测量;内业计算、实习报告同步撰写。

　　(2) 实习地点。

　　××测区为200~300 m^2 范围。

　　(3) 实习指导教师。

　　(4) 实习人员分组(表3-1-1)。

表 3-1-1　交通××道桥××工程测量实习人员分组表

小组	姓名	联系方式	考察记录	考察记录	考察记录	考察记录
交通第 X 组	刘××(组长)					
	唐××(副组长)					
	张××					
	曲××					
	胡××					
	邵××					
	李××					

注：组长注意统筹全组的工作，并负责器材的安全。

三、实习任务

1. 平面和高程控制测量

实习小组要完成一个小区域内用全站仪进行全平面控制测量和高程控制测量的任务，并在图上标出控制点的坐标(x,y,z)。控制点选择注意事项如下：

(1) 因为要立标尺和测钎，控制点必须可达。
(2) 因测水平角需要，相邻两点必须互相通视。
(3) 至少两个控制点位分别适合测设圆曲线和缓和曲线。
(4) 控制点有利于碎部的测绘。

2. 测绘地形图

根据任务所测绘的图纸，用大平板仪进行测量，测绘一定面积的地形图任务，采用的测图比例尺是 1∶500。

3. 道路勘测与设计

每组应完成 $L \geqslant 100$m 的道路外业勘测与内业设计任务。画出俯视图。

4. 工程应用实践

每组应完成工程规划图件放样的内业放样数据计算与准备，外业完成实地放样、中平测量及计算工作。

5. 教学计划

根据教学计划，本实习时间安排为一周(5 个工作日)，实习内容分配如表 3-1-2 所列。

表 3-1-2　实习内容分配表

序号	实习内容	天数
1	实习动员、实习前教育、班长负责领取实习日记和报告、各组领取仪器、检验与校正仪器，测区踏勘	0.5
2	水平测量及内业计算	1
3	角度测量及内业计算	1
4	将控制点绘制成图	1
5	碎部点测量及内业计算	1
6	实习总结	0.5
共计		5

四、领用实习仪器设备

按附件表领用工程测量实习仪器

五、测量

按实习方法步骤与技术要求进行测量。

六、撰写实习报告

报告内容如下：
(1) 实习结果。
(2) 实习遇到的问题及解决方法。
(3) 实习数据表格。
(4) 实习报告样本。
(5) 实习心得体会。

表 3-1-3 测量实习仪器领用单

日期：_____年_____月_____日_____学年第_____学期 第_____周
第_____组　接收时组长签字_____　归还时组长签字_____　带队教师签收_____

编号	仪器名称	数量单位	编码	归还日期	损坏	备注
1	水准仪	1台/组				
2	水准仪支架	1个/组				
3	水准仪说明书	1本				
4	双面尺	1副/组				
5	尺垫	2个/组				
6	经纬仪	1台/组				
7	锤球	1个/组				
8	经纬仪使用说明书	1本				
9	经纬仪支架	1个/组				
10	测钎	2个/组				
11	花杆	2根/组				
12	全站仪	1台/组				
13	全站仪支架	1个/组				
14	全站仪使用说明书	1本				
15	全站仪光盘	1个				
16	全站仪电池	2个/组				
17	充电器	1个/组				
18	棱镜	1个/组				
19	罗盘仪	1台/班				
20	罗盘仪支架	1个/组				
21	皮尺	1盒/组				
22	计量纸	1张/组				
23	油漆	1盒/2组				
24	激光测距仪	1个/组				
25	激光测距仪小起子	1个/组				
26	激光测距仪说明书	1本/组				
27	激光测距仪套	1个/组				

注：测量仪器实行组长负责制。①仪器当面领用,当面清点,当面拍照;②仪器当面清点,当面归还;③仪器丢失或损坏,由本组成员负责赔偿;④还仪器时,按清单归还;⑤仪器完好,本清单由带队教师收回保存。

参 考 文 献

[1] 中华人民共和国住房和城乡建设部,国家市场监督管理总局.工程测量规范:GB 50026—2020[S].北京:中国计划出版社,2021.
[2] 李天和,张少铖,冯涛,等.工程测量[M].武汉:武汉大学出版社,2022.
[3] 许娅娅,雒应,沈照庆.测量学[M].5版.北京:人民交通出版社,2020.
[4] 聂让,许金良,邓云潮.公路施工测量手册[M].北京:人民交通出版社,2000.
[5] 中华人民共和国国家质量监督检验检疫总局,中国国家标准化管理委员会.国家基本比例尺地形图更新规范:GB/T 14268—2008[S].北京:中国标准出版社,2008.
[6] 中华人民共和国国家质量监督检验检疫总局,中国国家标准化管理委员会发布.国家三、四等水准测量规范:GB/T 12898—2009[S].北京:中国标准出版社,2009.
[7] 丁建全,和万荣.工程测量[M].北京:国防工业出版社,2016.
[8] 游浩.建筑测量员专业与实操[M].北京:中国建材工业出版社,2015.
[9] 高井祥.数字测图原理与方法[M].3版.徐州:中国矿业大学出版社,2015.
[10] 中华人民共和国国家质量监督检验检疫总局,中国国家标准化管理委员会.国家一、二等水准测量规范:GB/T 12897—2006[S].北京:中国标准出版社,2006.
[11] 陈丽华.测量学实验与实习[M].杭州:浙江大学出版社,2011.
[12] 中华人民共和国住房和城乡建设部.城市测量规范:CJJ/T8—2011[S].北京:中国建筑工业出版社,2012.